基于双PBL植保专业导学导研

石明旺 曹进军 著

中国农业出版社

北 京

内容提要 NEIRONG TIYAO

本书内容共分三章，第一章主要介绍了双 PBL 教学模式的研究和进展；第二章主要介绍了双 PBL 教学模式在教学导学中的案例；第三章主要介绍了通过导学导研培养本科生和研究生的科研能力及写作能力。本书旨在探索在植物保护专业教学中进行教学改善形成新的教学模式，在信息时代探索"教"与"学"的过程，对各种传统教学模式进行综合与融合、融合与发展，使各种模式之间相互联系和相互促进，让学生化"被动"为"主动"，提升学生的学习与研究能力。

前言 FOREWORD

在教学实践中针对目前"植物保护专业"教学中存在的问题，综合基于问题的学习和基于项目的学习两种教学模式的优点，将两种教学模式同时引入植物保护专业教学中，构建双PBL新型教学模式。融合基于项目的学习和基于问题的学习两种模式，设计基于双PBL模式的实验教学方案，以基于问题的学习为导向，通过既独立又相互关联的实验，完成综合性较强的实践项目。以问题为中心，在教师的引导下让学生独立思考、讨论、交流。此教学方法强调以学生的主动学习为主，而不是传统教学中强调的以教师的讲授为主。运用此教学方法既能够充分调动学生的学习积极性和主动性，又能够提高学生分析问题和解决问题的能力，激发学生创新的内在动力。这一观点在发达国家的临床医学教学中得到了有效验证。传统的教育把教师放在主体地位，把学生放在被动接受知识的客体地位，忽视了对学生独立思考能力、创新进取精神的培养，泯灭了学生的主动性，因而很难取得应有的教学效果。

如何探索新的教学方法，把学生培养成适应时代发展、具有创新思维的植物保护人才，做到懂农业、爱农村、爱农民，这是当前高校植物保护专业教育面临的重要课题。基于问题的学习模式能充分发挥教师的主导作用和学生的主体作用，有效引导学生将所学的相关理论知识与实验相结合；通过基于项目的学习激发学生的学习积极性，培养学生的自主学习能力、团队精神和创新能力，提高学生的科学素养。基于问题的学习可以激发学生的学习兴趣；基于项目的学习可以提高学生的实践能力。在研究中，我们分析基于问题的学习和基于项目的学习两种模式的优势，认为运用双 PBL 教学模式对本科生、硕士研究生、博士研究生进行导学导研，能取得比单一教学模式更好的教学效果，能及时发现问题并解决问题，能培养学生解决问题的能力和科学严谨的态度。

双 PBL 教学模式不仅适用于高校植物保护专业的教学工作，也适用于该专业的本科生、研究生的研究工作。在从事该方面教学改革研究的近十年，将双 PBL 教学模式运用于教学实践和科学研究中进行导学导研取得了良好的教学效果——课堂气氛活跃，学生学习热情高，能主动思考问题、解决问题，学生独立工作的能力得到了锻炼。该模式改革了授课模式及评价体系，将以往的以教师为中心的授课模式向模块化转变。

本书在编写过程中得到了河南省植物保护一级重点学科项目的支持，也得到了河南省 2017 年"以问题为导向研究生创新能力培养的研究与实践"、2019 年"基于'双 PBL'进行研究生创新能力培养的研究与实践"以及 2019 年全国农业专业学位研究生教育指导委员会"农业硕士专业学位研究生导学、导研培养模式研究与实践"项目的支持。本书在编写过程中参阅了大量的相关研究文献和资料，在此一并致谢。

现代农业的发展需要更多专业、优秀的植物保护人才。植物保护教育教学中合理应用双 PBL 教学法能够从理论和实践两个方面提高学生的综合能力，提高学生分析问题和解决问题的能力，有效提高教学效率。植物保护教育要更好地应用双 PBL 教学法，为我国培养出更多的植物保护专业优秀人才。

由于水平有限，加之时间仓促，书中难免存在不足之处，敬请同行、读者批评指正。

著　者

2022 年 10 月

目 录

前言

第一章　双 PBL 的研究与进展 ……………………… 1

第一节　基于问题的学习概述 ………………… 1
一、教学模式 ……………………………… 1
二、PBL 的概念核心与多元化 …………… 5
三、基于问题的学习原理 ………………… 6
四、基于问题的学习特点 ………………… 7
五、基于问题的学习基本要素 …………… 8

第二节　PBL 的发展历史 ……………………… 8
一、PBL 的教学思想起源和发展 ………… 8
二、PBL 模式的理论依据 ………………… 10

第三节　双 PBL 的研究与应用 ……………… 14
一、双 PBL 的研究意义 ………………… 15
二、双 PBL 国内外研究应用现状 ……… 16

第四节　双 PBL 的模式研究 ………………… 18
一、双 PBL 教学模式 …………………… 18
二、经典 PBL 的教学设计 ……………… 23
三、PBL 教学模式的效果评价 ………… 30

第五节　双 PBL 模式应用案例 ……………… 33
一、植保研究生专业外语教学改革探索 ……… 33
二、基于双 PBL 方法进行毕业课题的选题研究与应用

······ 44

第六节　从导学导研角度培养研究生创新能力 ····· 50
　　一、导学导研与创新、创造 ·········· 50
　　二、培养创造力的教学原则 ········· 52
　　三、从导学导研探讨创造性的具体内涵 ······· 54
　　四、创造性培养工作的特点 ········· 60
　　五、导学导研与创造性培养 ········· 65

第二章　双 PBL 教学导学案例 ········· 69

第一节　薯类病害导学案例——爱尔兰大饥荒 ····· 69
　　一、爱尔兰大饥荒 ·········· 69
　　二、马铃薯晚疫病 ·········· 70
　　三、甘薯黑斑病 ·········· 74
　　四、薯类病害扩展学习 ········· 76

第二节　土传病害导学案例——自然衰退现象 ····· 76
　　一、全蚀病自然衰退 ········· 76
　　二、大豆连作后大豆胞囊线虫病的自然衰退现象 ···· 77

第三节　检疫性有害生物导学案例——葡萄根瘤蚜 ···· 82
　　一、改变葡萄酒世界的葡萄根瘤蚜 ······· 82
　　二、葡萄根瘤蚜生物特征 ········ 84
　　三、如何抵御葡萄根瘤蚜 ········ 84
　　四、问题的根源与争议、启示 ········ 84

第四节　农药导学案例——DDT 的功与过 ····· 89
　　一、DDT 的产生与应用 ········ 89
　　二、由 DDT 引发的争论 ········ 91
　　三、由 DDT 引发的启示 ········ 96

第五节　抗生素导学案例——青霉素的发现与应用 ···· 98
　　一、青霉素的发现 ········· 98
　　二、青霉素的工业化生产 ········ 99

三、新的药物先行者 ·················· 103

四、耐药性及青霉素改造 ·············· 103

五、第三代头孢霉素 ················· 106

第六节　病毒导学案例——植物病毒 ········· 108

一、病毒的诞生 ··················· 108

二、植物病毒的发现 ················· 109

三、地球上病毒的数量 ··············· 111

四、亚病毒 ····················· 112

五、病毒的利用与病毒病防治 ··········· 113

第三章　导学导研研究培养学生科研能力与写作能力 ········· 115

第一节　本科生科研能力的培养 ··········· 116

一、本科生科研训练现状 ·············· 116

二、本科生科研训练存在的问题 ·········· 117

三、本科生科研训练的实施方式 ·········· 120

四、本科生科研训练指导方法对比 ········· 121

五、本科生科研训练案例及解析 ·········· 122

第二节　研究生科研能力的培养 ··········· 124

一、科技文献检索 ················· 124

二、科研训练在研究生科研能力培养中的作用 ··· 128

三、研究生科研训练案例展示 ··········· 129

第三节　科技论文概述 ··············· 130

一、科技论文的特点 ················ 131

二、科技论文的分类 ················ 132

三、科技论文写作的意义 ·············· 133

第四节　学术性论文的写作及案例分析 ······· 134

一、学术性论文的写作 ··············· 134

二、学术性论文的构成 ··············· 136

三、学术性论文解析 ················ 140

第五节　毕业论文的写作及案例分析·············· 142

一、毕业论文的分类　·················· 143

二、毕业论文的选题　·················· 143

三、毕业论文的写作　·················· 145

四、毕业论文的构成及案例分析·············· 146

主要参考文献　·················· 156

第一章 双 PBL 的研究与进展

第一节 基于问题的学习概述

基于问题的学习（problem-based learning）在20世纪50年代中期起源于美国的凯斯西储大学医学院。然而，真正把基于问题的学习引入教育最前线的是加拿大的麦克马斯特大学医学院。基于问题的学习在20世纪60年代正式被引入教育，后来经过不断精炼，在美国医学院校的基础课程中（如解剖学、药理学、生理学等）得到广泛应用，大有取代传统讲演教学模式的势头。而且，这种模式也越来越多地被其他教育领域所采用，如职业技术教育、商业教育、建筑教育、工程教育、法律教育、社会工作教育等，同时也日益受到中小学教育的重视，并逐渐在中小学教育中得到应用。

基于项目的学习（project-based learning）属于建构主义学派的一种方法，它认为探究问题是学生有效学习的本质，通过让学生参与项目的方式来改善学习效果，开发相关技能。

基于问题的学习和基于项目的学习结合的教学模式称为双 PBL。

一、教学模式

教学模式可以定义为是在一定教学思想或教学理论指导下建立起来的较为稳定的教学活动结构框架和活动程序。作为结构框架，突出了教学模式从宏观上把握教学活动整体及各要素之间的内部关系和功能；作为活动程序，则突出了教学模式的有序性和可操作性。主要的教学模式有多种，各种教学模式的概述如图 1-1 所示。

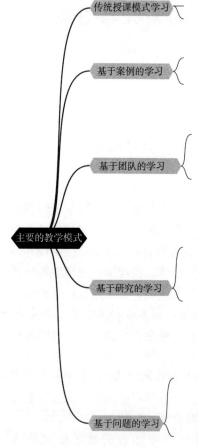

传统授课模式学习

lecture-based learning
即以教师授课、学生听课为主的传统教学模式

基于案例的学习

case-based learning
由基于问题的学习教学模式发展而来，是以临床案例为基础，设计与之相关的问题，引导并启发学生围绕问题展开讨论的一种小组讨论式教学模式

基于团队的学习

team-based learning
基于团队的学习教学模式是一种有助于促进学习者养成团队协作精神并且注重人的创造性、灵活性与实践特点的新型成人教学模式。由教师提前确定教学内容和要点供学生进行课前阅读和准备，课堂教学时间用于个人测试、团队测试和全体应用性练习

主要的教学模式

基于研究的学习

research-based learning
基于研究的学习教学模式是在大数据时代背景下基于网络信息形成的一种新的教学模式。该模式能够把教学与科研训练相结合，着重培养学生的动手操作能力、批判与创新思维能力和科研能力，引导学生有效对信息资源进行整合，形成自己的思考和观点，提高学习效率，达到自主和创新性学习的目的

基于问题的学习

problem-based learning
基于问题的学习教学模式是一种典型的以学生为中心的教学方法，该教学法将学习置于复杂、有意义的问题情境中，让学生以小组合作的形式共同解决学习过程中发现的问题，进而学习隐含于问题背后的科学知识，以促进他们自主学习和终身学习能力的发展。PBL是problem-based learning 的简称，一般译为基于问题的学习，也可译为问题本位学习。基于问题的学习教学模式是近年来受到广泛关注的一种先进教学模式

图 1-1　主要的教学模式

　　基于问题的学习、基于案例的学习、基于团队的学习在医学类教学中用得比较多，一些高校如中山大学、汕头大学、上海交通大

学等都开展了这方面的实践。

基于研究的学习近年也有应用。实验组在传统授课模式的基础上，引入基于研究的学习教学模式，在教学中引入典型案例，并在课堂上组织讨论。课后，学生以宿舍为单位分组学习，在教师指导下查阅文献、收集网络资源和参考书籍。第二周，以小组为单位，通过 PPT 汇报等形式给出各自的观点，由其他学生进行补充，最后教师分析点评，并就如何评价参考文献质量进行讨论。整体过程可概括为提出假设、检索文献、分析文献、提出观点、交流总结。

对于什么是基于问题的学习，不同的学者有不同的认识。就目前学术界的研究来看，有关基于问题的学习的内涵，具有代表性的观点，如图 1-2 所示，其中存在许多值得进一步研究的内容。

以信息加工与建构主义的观点来看，基于问题的学习是建构主义学习的一种形式，它引导学生建构现实世界的理论，而现实世界是通过呈现的问题被表征的。学习者即学生，在由相同问题形成的有意义背景中合作行动，并利用不同的信息资源建构有关现实世界的新知识。因此，基于问题的学习首先或完全是获得特定领域学科知识的一种特殊的方法。可见，这种方法建立在建构主义思想的基础之上，并形成了一套在教学实践中得到广泛运用的程序，它既是一种全新的教学观念，又是一种仍在不断完善的教学模式。

以问题为驱动的学习环境更多地出现在数学和物理等学科的教学中。对此，有研究者认为，基于问题的学习并不是一个新事物，早在石器时代，人们为了解决生存中遇到的各种问题，就在进行着基于问题的学习，只不过那时并没有人说"这就是基于问题的学习"。因此，基于问题的学习可以包括所有的研究，诸如一个工程设计项目、一个学习的案例等。在这个意义上，我们可以说，广义的基于问题的学习是一种教学观念。

由此可见，有关基于问题的学习的概念，到目前为止，学术界尚未出现统一的认识。在内容方面，基于问题的学习以真实的、结构不良的问题为中心，而非以具体的科目为中心。在学习过程的控制特征方面，基于问题的学习是非说教性的、由学习者而非教师控

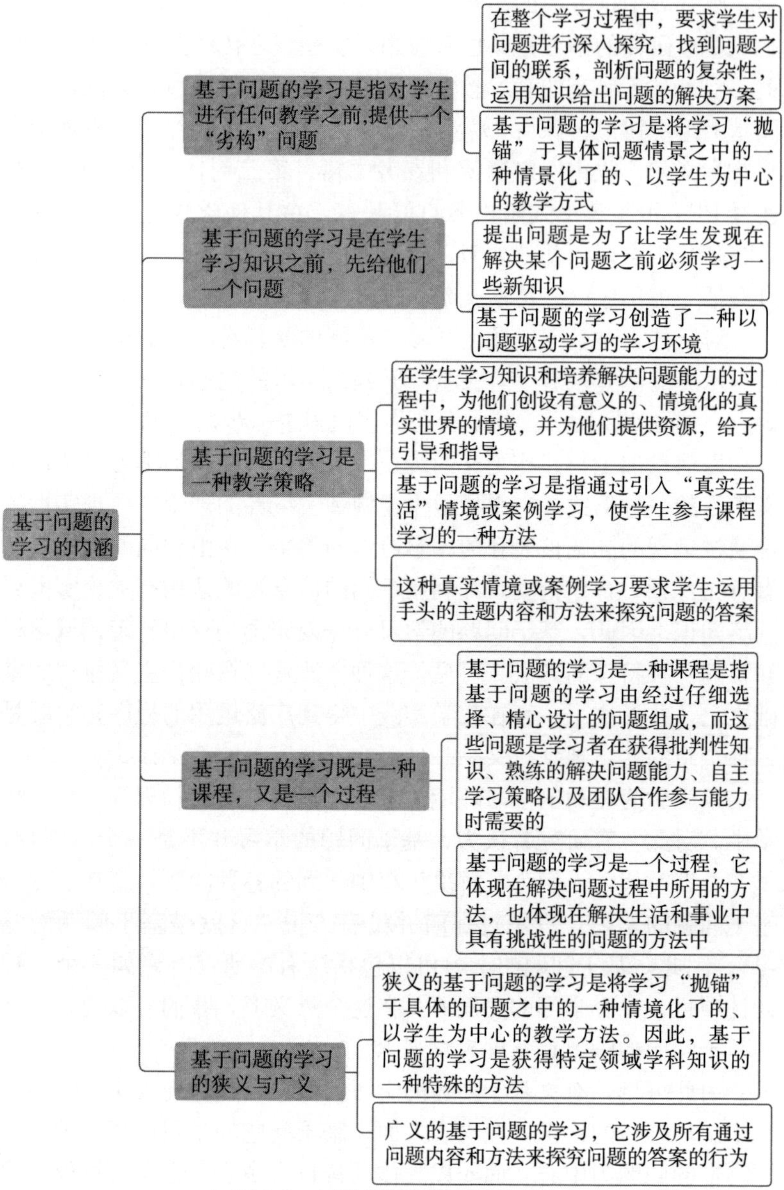

基于问题的学习是指对学生进行任何教学之前,提供一个"劣构"问题

在整个学习过程中,要求学生对问题进行深入探究,找到问题之间的联系,剖析问题的复杂性,运用知识给出问题的解决方案

基于问题的学习是将学习"抛锚"于具体问题情景之中的一种情景化了的、以学生为中心的教学方式

基于问题的学习是在学生学习知识之前,先给他们一个问题

提出问题是为了让学生发现在解决某个问题之前必须学习一些新知识

基于问题的学习创造了一种以问题驱动学习的学习环境

基于问题的学习是一种教学策略

在学生学习知识和培养解决问题能力的过程中,为他们创设有意义的、情境化的真实世界的情境,并为他们提供资源,给予引导和指导

基于问题的学习是指通过引入"真实生活"情境或案例学习,使学生参与课程学习的一种方法

这种真实情境或案例学习要求学生运用手头的主题内容和方法来探究问题的答案

基于问题的学习的内涵

基于问题的学习既是一种课程,又是一个过程

基于问题的学习是一种课程是指基于问题的学习由经过仔细选择、精心设计的问题组成,而这些问题是学习者在获得批判性知识、熟练的解决问题能力、自主学习策略以及团队合作参与能力时需要的

基于问题的学习是一个过程,它体现在解决问题过程中所用的方法,也体现在解决生活和事业中具有挑战性的问题的方法中

基于问题的学习的狭义与广义

狭义的基于问题的学习是将学习"抛锚"于具体的问题之中的一种情境化了的、以学生为中心的教学方法。因此,基于问题的学习是获得特定领域学科知识的一种特殊的方法

广义的基于问题的学习,它涉及所有通过问题内容和方法来探究问题的答案的行为

图 1-2　基于问题的学习的内涵

制的学习。在基于问题的学习的教学中，教师是学习的引导者、促进者，而非知识的传授者，学生围绕问题主动展开探索、证明、调查、预测、分析解释、自我评价等活动，以小组合作学习和自主学习的方式了解解决问题的思路与过程，灵活掌握相关概念和知识，进而获得理解、分析和解决问题的能力。总之，基于问题的学习就是把学习设置于复杂的、有意义的问题情境中，通过让学生以小组合作的形式共同解决复杂的实际问题，来学习隐含于问题背后的科学知识，学习解决问题的技能，并培养自主学习和终生学习的能力。

二、PBL 的概念核心与多元化

国内外学者对于 PBL 这个词汇的界定不同：有些学者把其定义为以问题为导向的学习（problem-based learning），有些学者将其定位为以项目为导向的学习（project-based learning），也有些学者将其定义为以问题为导向，以项目为基础的学习（problem-oriented and project-based learning）。这些定义不同可能是源于 PBL 在实践中的应用领域不同，在不同学科领域中，在不同的教育文化背景下，PBL 在实践中已经呈现出不同的形态与模式，向着多元化方向发展。

对于 PBL 的概念很难用具体元素加以界定，只能超越具体实践来阐述其学习理论、认知理论与哲学原理。沃尔顿（Walton）的观点是 PBL 是将学习者放置在特定的情境中，给他们一个学习任务与挑战，并为其提供资源的一种学习方法。Barrows 等人将 PBL 视为一种学习过程，认为学习者在了解与解决问题的过程中进行学习，由学习者自己掌控学习活动，并通过解决问题来整合相关知识。而福格蒂（Fogarty）将 PBL 视为一种课程模式，他认为 PBL 是一个以真实世界的问题为中心来设计的一种课程模式。坎普（Camp）从教育哲学的角度看待 PBL，认为它是基于建构主义的一种教学模式，是教育方法与哲学的组合，强调学习的过程是学习者在实践经验的基础上整合原有知识、不断建构新知识的过程。

布里奇斯（Bridges）等人认为 PBL 是使用问题作为学生展开学习的活动点与刺激来建立和教授课程，是以学生为中心、基于真实问题解决的情境化教学方法，PBL 不仅是一种教与学的技术，更是一种教育战略。课程设计、教程指南、多元评估和哲学原理基础四项内容构成一个完整的教育战略。

PBL 的概念核心体现在以下四个方面：学习方法、学习内容、学习形式和学习主体。

基于问题的学习采用以问题为导向，以项目为基础的学习方法。让学生在解决现实问题的过程中获取知识、学会学习，并通过反思构建自己的知识。

学习内容跨越了传统的单一学科知识，学生通过解决具体问题，学习多学科的知识。学科交叉成为基于问题的学习这一模式的一大特征。

关于学习形式，强调以小组工作的形式进行学习，通过相互合作、相互交流来解决问题，分享知识，以培养学生的组织管理、自主管理以及合作交流的能力。

在学习主体方面，以学生为中心，学生自己选题，自己设置目标，自己做研究，成为独立的思考者与学习者。教师则承担一个教练、支撑、引导学习的角色。

三、基于问题的学习原理

基于问题的学习的理论源于对人类的学习与记忆的研究，有学者阐述了其学习原理。

基于问题的学习是先提出问题，然后通过小组讨论的方式去激发学习者头脑中以往的知识，以往的知识具有长期的记忆，可以帮助新知识的择取，同一篇文章由一年级和四年级学生分别研读，呈现出不同的学习结果。因此，如何激发学生相关的知识记忆来促进新知识的学习是非常重要的。

基于问题的学习提供特定的模拟情景学习，并能应用在未来的实践中或实习时，能解决遇到的问题，所以说基于问题的学习是以实践时的问题作为实际应用与知识间的桥梁，即具有特定情境之烙印。

学生能够在回答问题、做笔记、讨论、结伴学习、组织及评估问题、写摘要和自我学习等过程中整合相关知识，使知识得到进一步的阐述与发展。在大学教学中，这种知识可以是跨学科的，或者说是跨多个相关或不相关学科的知识。

四、基于问题的学习特点

在讨论基于问题的学习之前，先简述一下什么是问题也很重要。可以这样认为，问题一指要求回答或解释的题目；二指要研究讨论并加以解决的矛盾、疑难；三指关键或重要之点；四指事故或麻烦等。

以学习者为中心。学习者是问题的解决者和意义的建构者，必须赋予他们对于自己学习和教育的责任，培养他们独立自主的精神。教师的责任是提供学习材料，引导学生学习，监控整个学习过程，使计划得以顺利进行。

基于真实情境。PBL 基于散乱的复杂的问题，这些问题非常接近现实世界或真实情境，这些问题必须对学习者有一定的挑战性，能够发展学习者有效解决问题的技能和高层次的思维能力，这样就能使学习者在将来的工作和学习中将这一能力有效地迁移到实际问题的解决中。

以问题为核心。从心理学的角度来说，问题可分为结构良好领域的问题和结构不良领域的问题。结构良好领域的问题的解决过程和答案都是稳定的，结构不良领域的问题则往往没有规则性和稳定性。基于问题的学习中的问题属于结构不良领域的问题，不能简单地套用原来的解决方法，学习者要面对新问题，在原有经验的基础上进行分析来解决问题。高水平的学习要求学生把握概念之间的复杂联系，并广泛灵活地应用到具体的问题情境中。发现问题，解决问题，通过情境反复学习，发现需求，自主学习，提高能力，再发现问题，再解决问题，培养学生自主学习能力，如此形成一个闭合的、环形的、反复的过程，这就是基于问题的学习的特点。

五、基于问题的学习基本要素

基于问题的学习的基本要素可以归纳为以下几个方面：以问题为学习的起点；学生的一切学习内容是以问题为主轴所架构的；问题必须是学生在其未来的专业领域可能遭遇的真实世界的非结构化的问题，没有固定的解决方法和过程；偏重小组合作学习和自主学习，较少采用讲述法的教学；学习者能通过社会交往发展能力和协作技巧；以学生为中心，学生必须担负起学习的责任；教师的角色是指导认知学习技巧的教练；在每一个问题完成和每个课程单元结束时要进行自我评价和小组评价。

基于问题的学习也可以简单概括为三大基本要素：问题情境、学生和教师。问题情境是课程的组织核心，是当学生身处可以从多种角度看待事物的环境时，问题情境能够吸引并维持学生的兴趣，使他们积极地寻求解决问题的方法。学生是致力于解决问题的人，通过识别问题的症结所在，寻找解决问题的良好方法，并努力探求、理解问题的现实意义，成为具有自主学习能力的学习者。教师是学生解决问题时的工作伙伴和学生解决过程中的指导者。问题作为学习的最初动机和挑战，它的结构不明确，没有简单、固定、唯一的正确答案，但它能激起学生探索、寻找解决方法的欲望，并能得到教师的指导，构建继续学习的需要和联系。

第二节　PBL 的发展历史

一、PBL 的教学思想起源和发展

孔子的启发式教学思想对后世的教育思想有着深远影响，可以说是 PBL 的思想渊源。PBL 的思想渊源在西方最早可以追溯到苏格拉底的谈话教学法，他的产婆术教育实践和其他的哲学思想一起不断为人类提供思想营养。问题取向的教学以经验主义教学论的形式不断发展。到了 20 世纪，受实用主义哲学的影响，问题取向的教学受到越来越多的教育学、心理学学者的支持和提倡。由于世界各国文化不断交流、交融，问题取向教学思想的影响几乎波及全世界。

众所周知，通过解决问题来学习的思想由来已久。从苏格拉底的谈话教学法到杜威的问题教学法、布鲁纳的发现学习法，都是以问题为中心的学习方法。但基于问题的学习作为一种特指的概念和方法却是在 20 世纪 60 年代后期出现的。美国学者罗伯特·哈钦斯认为学习已经不再是定时定点的活动，而是一种个性化、多样化、终身化、随时随地、全民自主的一种社会活动。这对传统的以课堂为中心、灌输式的教育模式提出了挑战。同一时期，欧洲的学生运动也要求改变传统的以教师为中心的单向传授的方法，建立以学生为中心学习环境，进一步推动了传统教育与学习模式的变革。

到了 20 世纪 70 年代，高等教育大众化的浪潮风起云涌，欧美一些国家的高等教育从精英化开始走向大众化，在这一过程中，高等教育观、教育目标以及方法都发生了很大变化，形成了多元化的人才观、质量观和发展观，高等教育不再是少数人享有的特权，而是面向社会大众，满足个人、社会与市场的需求。1973 年，美国社会学家马丁·特罗（Martin Trow）系统阐述了高等教育大众化理论。在高等教育大众化、科学技术日新月异以及知识经济为特征的新经济飞速发展的环境背景下，人类的生活方式与工作性质都发生了急剧变化。那些被动的、机械的技能型人才逐渐成为历史，取而代之的是主动的、弹性的智慧型人才成为现代产业的支柱，而传统的教育与学习模式又很难满足这些需求，因而很多学者开始对传统以教为中心的学习模式以及老师作为知识传播者的观点提出质疑，基于问题的学习随之出现。

到了 20 世纪 80 年代，美国大学本科生教育人才培养目标出现了历史性的转型，由原来的培养全面发展的人才转向培养创新型人才，探究性学习受到重视，PBL 在美国的大学中得到前所未有的发展，本科生教学不但要着眼于学科知识，而且要着眼于学生的分析能力、解决问题能力、交流能力和综合能力，建议教师采用积极的教学方法，要求学生不仅要成为知识的接受者，还要成为知识的探索者、创造者。大学改进教学方法，研究不同的教学方式，增强教学的探究性和创造性，鼓励学生对学科知识进行探讨、发现，发展学生的智力和创造性。1998 年，美国博耶研究型大学本科教育委员会（the Boyer Commissionon Educating Undergraduates in the Research University）发表了题为《重建本科生教育：美国研究型大学发展蓝图》的报告，提出设置立足于基础知识的核心课程，实行以研究为基础的学习，开设新生研讨课，重视学生的能力培养，教学中广泛应用信息技术。美国的一些研究型大学本科教育的改革举措包括立足基础知识的核心课程、以研究为基础的学习、新生研讨课、重视学生的能力培养、信息技术的广泛应用五个方面。

通过这些措施对教育者提出要求，将学生教育成为科学、技术、学术、政治和富于创造性的领袖人才。为了培养这样的人才，研究型大学必须植根于一种深刻的、永久性的理念，即无论是在接受资助的研究课题、本科生教学还是在研究生培养中，探索、调查和发现是大学的核心。大学里的每一个人都应该是发现者、学习者。建立以研究为本的学习标准，使学生从入学开始就在尽可能多的科目中参与研究活动，将以研究为本的学习、合作努力以及对书面与口头表达能力的要求贯穿于学生学习的整个过程。在这些报告的推动下，各式各样的探究性学习模式在大学蓬勃兴起，PBL 模式就是其中重要的一项。

二、PBL 模式的理论依据

教育学、心理学的发展为 PBL 的教育、教学改革提供了一定的实践指导和理论支持，下面将从与 PBL 联系较为紧密的布鲁纳的发现学习理论、创新教育理论、杜威的实用主义教育理论以及建构主义学习理论四个方面进行概述。

（一）布鲁纳的发现学习理论

10 世纪五六十年代，美国知名心理学家布鲁纳提出了发现学习理论，发现学习中教师和学生的角色有了很大的改变，该理论强调教师不应是知识的陈述者和解释者，而应成为学生的助手和问题的提出者，帮助学生理解学科的思想和结构。学生应该是一个思考者、发现者，能在教师的启发引导下，利用教师或教材提供的材料亲自去发现问题的结论、规律，了解学科知识的结构。布鲁纳认为发现学习是一种情境性的探索学习，发现学习就是引导学生发现自己想法的过程，运用自己的思维去学习；学生自主建构知识，使知识成为自己的知识，教师应帮助学生把新知识同已有的知识结构建立联系，利用已有知识结构去建构新知识、发现新事物；自我激励式学习，注重学生的内在动机，唤起学生主动建构的热情；用共同建构的假设式教学，教师和学生相互合作、交流，学生积极地参与各种活动，在师生、生生合作中主动建构知识。从发现学习的内涵、特点中可以看出，发现学习与 PBL 具有很强的联系，两者都强调学生积极主动参与建构自我的知识结构，要求教师不单是简单地传授知识，而应该向学生提出问题，同时指导学生运用发现学习法或 PBL，让学生自己获得对问题的解决策略、解决过程的理解。综上可知，布鲁纳的发现学习理论对有效地落实教学具有关键的理论和现实指导意义。

（二）创新教育理论

创新教育是以培养人的创新意识、创新精神和创新能力为根本目的的实践教育，在学生综合能力的培养中强调创新素质的重要性。问题是知识向创新转化的中介，是创造的必要非充分条件，没有问题就没有创新。要保护和发展学生的创新性，首先要强化学生问题意识的培养。可以将创新教育看作以培养学生的问题意识为起点的问题教育，始终围绕着问题展开，主要强调发现问题、提出问题、分析问题、解决问题的过程。培养创新型人才需要创新型课堂教学，这样才有可能把人的创造力最大限度地开发出来。一般来说，创新型课堂的教学显著特征有五个：一是课堂教学的前提为创新教育思想，在创新教育观念的指导下改变传统以"课堂、课本、教师"为中心的教学观。二是以创新为目的，摆正继承与创新的关系，体现创造性。三是以学生为中心，体现主体性，为学生提供充分从事教学活动的机会，让学生成为课堂的主人，教师不再是教学的主导者。四是以问题为中介，体现创新思维，让课堂教学始于问题，归于问题，让问题成为贯穿课堂教学过程的主线。五是以开放为特征，体现生命力，主要表现在教材和教学过程的开放，打开学生的思维。

从创新教育的本质及创新型课堂的特征可以明显体会到它与 PBL 理念的相似之处。PBL 教学模式具有创新型课堂教学的上述特征，改变了传统封闭式的学习环境，其教学活动富有开放性和实践性，学生是课堂的主人、活动的主体，让学生经历发现问题、提出问题、分析问题、解决问题的过程，培养学生自主获取知识、运用知识和创新发现知识的能力。

（三）杜威的实用主义教育理论

近代美国知名的实用主义教育家杜威强调教育的社会必要性，要求教育应以社会生活为基础，反对以课堂、教材、教师为中心，鼓励把学生置于问题情境中，并帮助他们探究，他的实用主义理论直接支持了教学的发展。以儿童为中心，以社会为中心，以活动为中心。重视实践，认为儿童是社会化的积极学习者，教学应以活动为中心，含情境、问题、假设、推理、验证五大要素，应唤起儿童的求知欲与兴趣，促进他们进行学习，培养他们各方面的能力。教育是一种社会过程，而学校是社会生活的一种形式。从上述内容中可以明显看出杜威的教学思想与 PBL 的联系，杜威的教育理论直接推动了 PBL 教学的发展，同时也突出了 PBL 的特点，可以说它为 PBL 提供了哲学基础。

（四）建构主义学习理论

建构主义是认知学习理论的新发展，被视为对传统学习理论的一场革命，对当前的教学改革产生了十分深刻的影响。建构主义主张以学生为中心，重视学习的主动性、社会性和情景性，强调教师与学生间的交流协作。在知识观上，强调知识的动态性以及情境性教学。建构主义学习理论不是一个特定的学习理论，而是许多理论观点的统称。它是学习的认知理论的一大发展。它的出现被人们誉为当代教育心理学的一场革命。建构主义理论的主要代表人物有皮亚杰、斯腾伯格、卡茨、维果斯基等。建构主义学习理论包含两方面基本内容，即学习的含义与学习的方法，其四大基本要素包括情境、协作、交流、意义建构。反对简单地把知识当作固定的东西灌输给学生，这样导致的结果是学生仅仅是教条式地掌握知识。

在学生观上，建构主义强调学生经验世界的丰富性和差异性，认为学生在过往生活、学习的经历上已形成了丰富的经验，因此他们在学习新知识时，对一些现象、问题几乎都有了自己的一些看法，并不是毫无基础的。而有些问题即使他们尚未接触过，无现成的经验，但面对问题时，他们往往能够在以往相关经验的基础上形成对问题的某种合理的解释或推理。同时，在经验背景差异性的影响下，学生对同一问题会产生多种不同的看法，当他们共处于一个学习小组中时，相互间的交流沟通能促进他们多角度地理解分析问题。所以，教师应该重视学生已有经验的丰富性和差异性，并以此作为新知识的拓展点，引导学生从已有的知识经验出发，不断提升自我。

在学习观上，建构主义认为学习是学生主动建构知识的过程，而不是教师对知识的简单传授，教师的作用只是促进学习者自己建构知识而已。建构主义强调学习的主动建构性、社会互动性和情境性。建构主义认为学习是通过对某种文化的参与，内化相关知识和技能的过程，这一过程通常需要一个学习共同体的合作互动来完成，学习共同体的交流、互动和协作对于知识建构具有重要的意义。同时强调学习、知识和经验的情境性，即情境认知，认为知识是不可以脱离活动情境而抽象存在的，应该将知识与情境化的社会实践活动结合起来。

综上所述，建构主义强调学生是自己知识的建构者，对具体情境进行意义建构，建立新的知识网络。建构主义重视学习活动中学生的主体性以及师生之间和学生之间的协作、交流，主张建立一个民主、宽松的教学环境。情境、协作、交流和意义建构作为建构主义教学模式的四个基本要素，也正好是 PBL 的特征体现，因而可以说建构主义理论是 PBL 最有力的理论支撑，建构主义为 PBL 提供了理论基础。

第三节 双 PBL 的研究与应用

基于问题的学习（problem-based learning，PBL）的教学模式是以问题为基础来展开学习和教学的过程，它强调把学生设置到问题情境中，通过学习者合作解决真实问题来学习隐含于问题背后的科学知识，学习解决问题和自主学习的技能。基于项目的学习（project-based learning，PBL）的教学模式是通过完成具有一定目的要求的项目，并在一定时间内解决一系列相互关联的问题的过程，在实践中学习。

在这两种教学模式中，教师作为教学顾问，主要负责引导学生、帮助学生及指导学生。学生不再是被动的知识接受者。学习过程为参与式，具有实践性、主动性、开放性、自主性和创新性等特点。"双导"即导学与导研相结合。"双导"教学模式是一种旨在大学教学中使学习过程和研究过程统一，引导学生自主发展的教学模式，这是教学改革中进行的一种探索，需要在实践中不断改进与完善。本节内容是省级研究生教育改革的主要研究内容之一。教师在教学过程中是指导者、引导者和组织者，教学是教师指导或引导下的学生自主性、能动性学习活动。导学的目标是提升学生的自主学习能力，即教给学生基本的学习方法，培养本科生、研究生"学会学习"的能力，使学生学会独立地、主动地开展学习，学会整理与反思，学会对学习结果进行客观分析和评价，发现问题后能及时进行自我调整。导研的目标是培养本科生、研究生的研究意识与研究能力，训练他们的实践能力。教学强调教师的指导、引导或启发，更强调学生自己在学习过程中的总结和领略，真正养成理性慎思的习惯，做到自主思考、批判接受。双 PBL 支撑着导学与导研的研究。

一、双 PBL 的研究意义

创新能力是指创新主体从事创新活动所具备的创新素质和表现出来的创造能力及创新技能的综合体现。创新能力是经济竞争的重中之重，是五千年来中华民族的进步灵魂。研究生教育作为国家教育体系中的重要组成部分，是以培养研究生的创新能力为基本目标。研究生创新能力的优劣，直接影响着整个国家的创新能力。研究生教育是创新教育体系的主要组成部分。提高研究生的创新能力，构建出良好的创新教育环境，让创新能力培养体系逐渐完善起来，形成一个良性循环系统，构建一个全方位的立体创新培育体系。

研究生教育机制一直在不断改革，教育部非常重视对研究生的学术创新能力的培养。但目前我国研究生的学术水平整体不够理想，学术创新能力是促进科学进步的基石，培养研究生的学术创新能力极其重要。

制约研究生学术创新能力提高的因素有很多，如自信心缺失、问题意识淡漠、知识结构零乱、思维方式僵化以及管理体制造成师生受束缚等。教师的科学引导、增强自信、保持良好的心态、发愤图强的精神和完善的制度保障是提升创新能力的基本路径。

基于问题的学习和基于项目的学习两种模式同时引入植物保护研究生教学中，构建双 PBL 教学模式，并将此教学模式在河南科技学院植物保护一级学科的研究生中实施，应用此教学模式能有效引导学生将"农业植物病理学""植物病害流行学"等学科的理论知识与实验实践相结合，激发学生的学习兴趣和热情。该模式现已取得了预期效果。

采用双 PBL 教学模式进行教学改革，进行导学导研研究，强调学术自由与学术规范，加强对农业高校研究生的学术创新能力的培养，具有一定的现实意义，特别是对植物保护专业的研究生，有着重要的指导意义。此种教学模式未来也可以在理工类各专业研究生培养中推广应用。

二、双 PBL 国内外研究应用现状

(一)双 PBL 的概念和内涵

基于问题的学习由美国神经病学教授巴罗斯于 1969 年提出。基于项目的学习又称项目导向式教学,是组织学生真实地参加项目设计、执行、总结和评价,在项目实施过程中完成教学任务。双PBL 即基于问题的学习和基于项目的学习。双 PBL 教学模式即尝试将两种教学模式相结合,并在教学中加以试用与试验。双 PBL教学模式是一种融合两种方法的新教学模式,发挥两种教学法优势,可以应用在教学的多个方面,特别是教学体系的改革和课程的改革方面。

(二)国内外 PBL 的应用现状

国外对于基于问题的学习或基于项目的学习的研究内容和资料较多,也比较成熟,主要是对两者之一进行的研究,对两者有机结合的研究还相对较少。至 2020 年 12 月,国内只有不到 10 篇文章对 PBL 有研究。

基于问题的学习在许多欧美国家被用于开展教学改革多年,目前已成为国际上流行的一种教学模式。基于问题的学习是以问题为学习的起点,以自主学习和小组合作为主要学习形式,在教师的引导下,围绕问题的解决展开学习,使学生灵活掌握学科基础知识,提高思维能力以及自主学习、合作和解决实际问题的能力。

基于项目的学习是以项目为导向的课程教学,项目活动是学生和教师的主题,教师根据多元知识的关联性建构成具有现实意义的项目活动,其最终目的是培养能自觉学习、有良好的自我导向能力和创新意识、对自己的人生负责的创新型人才。

这两种教学模式的理论基于建构主义思想的实践模式,倡导教师在学生的学习过程中进行积极的引导与促进。基于问题的学习作

为一种在问题背景下学习新知识的方式，能使植物保护专业的硕士研究生带着问题理解概念与原理，并逐步厘清问题的本质，此时问题起着学习的背景和驱动力的作用。基于项目的学习侧重于对教材之外的知识的体验与经历，特别是实验方面，旨在丰富植物保护专业研究生对植物保护专业的全面认识，侧重于拓宽植物保护专业研究生认识事物的广度，拓宽视野，这种教学模式可以有效提高植物保护专业研究生的创新能力。

尽管国内近 40 多年的课堂教学改革已充分重视现代教育技术的应用，教师在实践中已经注重综合应用多种教学方式，例如进行案例式、启发式、讨论式等教学模式，适合于静态的培养方案及教学目标实现要求，但因静态的培养方案及教学目标、传统的课程评价模式等多因素的限制，目前大多数教学未能脱离传统方式，即以教师为主体、学生被动接受的模式。深入研究基于问题的学习与基于项目的学习，有机结合两种建构主义的探究式教学形态，使之成为新的教学模式，根据各自的特点进行教学改革，特别是进行研究生课程体系改革研究与实践，对于促进现代农业专业相关的研究生创新型人才的培养有重要作用。

从课堂教学的角度分析，植物保护专业研究生对课程的参与积极性是需要激发的。植物保护专业研究生带着问题学习教材、查阅文献、理解概念与原理并逐步厘清问题的本质，通过分析和自我质疑、合作讨论，主动积极解决问题。这种教学模式应用于基本概念、原理等学科基础知识的教学，其优势是传统讲授式教学模式无法比拟的。

从人才培养的宗旨角度分析，尽管创新能力的培养是现代高等教育的核心，但获取知识依然是基础，开发智力依然为手段，离开了"基础理论""基础知识""基本技能"这三点的创新能力是无法实现的，融合了完整性与有序性的多元化教学内容是创新型人才培养模式的构建原则之一。以上两个方面体现了在课程体系实施过程中不能完全脱离学习专业知识这一目标，不能单纯追求项目导向式教学无定式的、完全动态的和大跨度思维对创新能力的提升作用，而应将基于问题的学习和基于项目的学习两种教学模式整合，采用双 PBL 教学模式。对于植物保护专业的理论研究型课程内容，以问题导向教学模式完成学科基础知识和专业知识的系统性及完整性学习；对于植物保护专业的技能型课程、理论课程中的实践环节教学内容，采用项目导向教学模式，在实践层面上进一步提升植物保护专业研究生的创新能力。

第四节　双 PBL 的模式研究

一、双 PBL 教学模式

在农业类院校教学中，可以设计为问题式学习和项目式学习两种学习方法的组合形式。以学生为中心，设计学习问题，围绕学习项目展开学习步骤和流程，并由学习小组成员来探讨步骤，最终总结出客观的结果，这就是双 PBL 教学模式。双 PBL 教学模式为学生创建了一种学习情景，探索了一种新的混合教学模式。

基于问题的学习使学生以问题为导向，以老师提出的定向性问题为背景和驱动力逐步理解问题的本质。基于项目的学习旨在培养学生"在做中学"，通过丰富的项目分工实践使不同层次的学生充分施展个人才能，同时，学生通过与组内其余成员的合作拓宽认识事物的广度。

与传统教学模式所不同的是，本文设计的混合教学模式将基于项目和基于问题的讲学模式相互融合。

以基于问题的教学方式引入所要教授的课程内容，在课堂中进行知识点扩展，并深入学习。双 PBL 教学模式资料准备与完善如图 1-3 所示。主要有课前、课上和课后几个方面。认真学习收集有关研究课堂情境教学的理论，对全体学生的课堂进行分析并了解现状。寻找有关理论专著进行分析和学习，为进行教学情境创设与情景教学模式研究课题做了很好的铺垫。广泛收集学习他人课堂情境创设与情景教学模式研究的优秀成果。教师可通过网络或者其他方式学习相关理论，寻找课堂情境教学模式的优秀课程进行学习。分

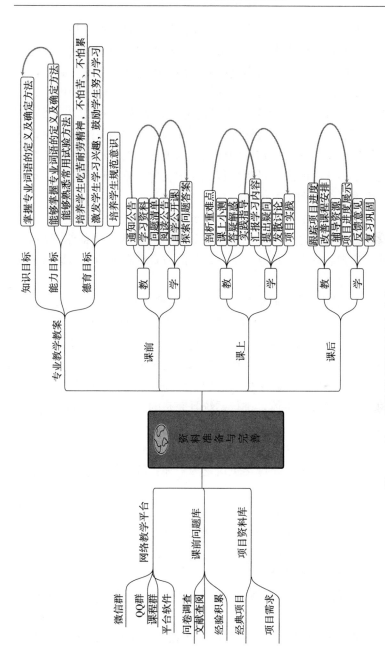

图1-3　双PBL教学模式资料准备与完善

析和掌握这种教学方式，为课题的实施做好必要的理论和实践上的准备。教师按课题方案撰写实施计划。组织实验教师根据总课题方案及自己的教学实际进行实验研究，使教师选准实验的突破口，保证课题研究的深度和广度。根据情况，设定预期目标。用思维导图来表述双 PBL 教学模式资料准备与完善。思维导图即以一个词或概念为中心，在这个词或概念下面引出多个和它相关的子概念，然后再给每个子概念多个相关的概念。思维导图更多地体现出针对中心词和中心概念的思维过程。目标导学、项目驱动教学模式基本结构的思维导图如图 1-4 所示。

问题式学习的概念最早由 Barrows 提出，是目前国内应用较为普遍的教学模式之一。将知识点设置成以问题为导向的学习思路，是基于认知心理学和信息加工心理学的教育理念延伸，是隶属于建构主义学习理论的教学模式。

基于问题的学习教学模式是由美国神经病学教授 Barrows 于 1969 年在加拿大麦克马斯特大学首创，目前被医学院校广泛采用，它是以学生为主体的教学方法。在辅导教师的参与和引导下，围绕问题学习，以学生讨论为主体，教师是引导者。

对照组采取传统教学模式（LBL）进行教学，即以课堂讲授形式为主，以教师为主体，进行系统且完整的讲解，使学生在较短的时间内掌握更丰富的知识。观察组采取基于问题的学习教学模式，即以学生为中心实施教学，围绕问题开展教学，培养学生的独立性、自主性、创造性，以学生讨论为主体，教师作为引导者对学生进行引导。

项目式学习是引导学生"在做中学"，由教师和学生共同完成实验项目。侧重于学生与教师的课堂互动，并让学生真切参与实验活动，观察实验全过程发生的变化并做总结。

（一）教学设计的含义

教学设计亦称教学系统设计，是解决教学问题的一种特殊的设计活动。

1. 教学的概念　教学的目的在于使学生掌握原本不知道的知

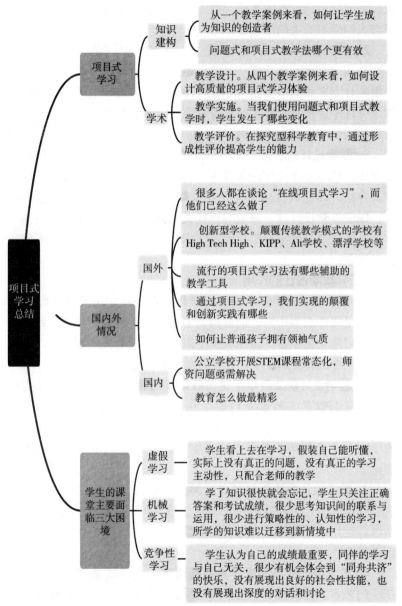

图 1-4 目标导学、项目驱动教学模式基本结构

识，形成原先所没有的态度。教学一词的覆盖面较广，它代表着一切与人们学习有关的活动。

2. 设计的概念　所谓设计是指为了解决某问题，在开发某些事物和实施某种方案之前所采取的系统化计划过程。设计时如不考虑影响计划实施的诸多因素，设计出来的计划的有效性就会大打折扣。一件平庸的设计作品与富有想象力、创造性的作品相比，其效果和给人的印象会大不相同。

3. 教学设计的含义　教学设计是运用现代学习与教学心理学、教学媒体论等相关的理论与技术，分析教学中的问题和需要、试行解决方法、评价试行结果并在评价基础上改进设计的一个系统过程。围绕教学设计这一领域的研究成果初步建立起一个独立的知识体系，其任务是揭示教学设计工作的规律，并运用这些规律来指导教学实践。

（二）教学设计的作用

1. 教学设计能使教学工作科学化　传统教学中的教学设计活动主要是以课堂为中心、以教师为中心。现代教学设计是以教学理论、学习理论为依据，运用教学手段、可传授的技术和程序，克服教学活动中的纯经验主义，促使教学工作科学化。

2. 教学设计能使教学理论与教学实践相结合　教学设计能将教学理论与教学实践紧密地联系在一起，主要表现为两个方面：教学设计可以把已有的教学理论和研究成果运用于实际教学中；教学设计能将教师的教学经验升华为教学科学，充实和完善教学理论。

3. 教学设计能培养科学思维习惯和能力　教学设计是系统解决教学问题的过程，也可用于其他领域，可解决其他性质的问题。学习、运用教学设计原理与方法能提高人们科学分析问题、解决问题的能力。

4. 教学设计能加速青年教师的培养　教学既是一门科学，又是一门艺术。传统教学忽视了对学生能力的培养，注重专业知识的教学，故延缓了青年教师教学水平的提高，因而影响教学效果。

5. 教学设计有利于信息化教育的开展 通过学习和掌握教学设计的理论与方法，能提高教学质量，为普及各级教育和职业培训发挥积极作用。

（三）教学设计的特点

1. 教学设计具有系统性 教学设计过程是一个有科学逻辑的过程，在进行教学设计时，应密切围绕既定目标设计教学的各个环节。教学设计从教学系统的整体功能出发，产生整体效应。

2. 教学设计具有灵活性 虽然教学设计过程具有一定的模式，但教学设计的实际工作往往不一定按照流程图所表现的线性程序开展。

3. 教学设计具有具体性 由于教学设计是针对解决教学中的具体问题而发展起来的理论与技术，因而教学设计过程中的每一环节的工作都是相当具体的。

二、经典 PBL 的教学设计

PBL 教学设计是影响教学效果的主要环节，运用系统方法对教学过程加以模式化。

（一）设计的理论基础

1. 整合化的教学设计理论 20 世纪 80 年代，教学设计研究者开始倾向于将不同的教学设计理论综合成一个行之有效的总体模式。教学先从大的、一般性的内容开始，逐步集中于任务成分的细节和难点，然后又整合成一个较大的观念。20 世纪 90 年代，建构主义理论对教学设计理论起了较大的作用。根据建构主义的观点，学习者具有积极的自我控制、目标导向和反思性特点，学习者能建构自己的知识。

2. 教学系统与方法

（1）一个教学系统中，教与学两个要素之间的联系与作用形成教学活动，这个系统的功能就是培养人才。教与学是教学系统的两个基本要素，每个基本要素又由不同的要素所构成。

（2）教学系统方法是指运用系统方法解决教学问题。教学系统方法的基本出发点是它的整体性，要求从整体出发，综合考察对象，统筹全局，以达到优化或满意地处理问题。

3. 教学传播过程 教学是由教师的教和学生的学所组成的一种互动的教育活动，是一种信息传播活动。传播过程的基本要素包括传播者、信息内容、信息通道和受传者。整个传播过程就是传播者传播自己意志的过程，是传播者主动影响受传者的思想、观念和行为的过程。

教学传播过程设计需要考虑的要素很多，还要对各要素间的相互关系给予关注，从而最终确定合理的教学方案。

（二）教学目标的设计

1. 教学目标的意义 教学目标是 PBL 的出发点和归宿，所以，确定教学目标是进行教学设计时首先应考虑的问题，其意义重大。

（1）教学目标是确定 PBL 学习内容、调控教学环境的基本依据，教学目标决定着 PBL 教学活动的走向。PBL 的每个环节都必须指向教学目标。

（2）教学目标是评价教学效果的基本依据，PBL 评价的主要环节就是确定参照标准。参照标准是根据具体的操作目标而定的。

（3）教学目标是学生进行自我评价和自我监控的重要手段，在整个学习过程中要充分发展元认知策略，教学目标给学生提供了明确的学习方向。是否有自我调控的方向是自我评价和自我调控能否进行的关键。

2. 教学目标的种类 应考虑学科的特点、学习者的特点以及 PBL 的特点等，注重培养学习者的学习能力。

（1）培养学习者获取、分析与评价信息的能力。学生们要主动地获取解决问题的信息，这是促成自主学习的重要途径。在日益现代化的教学条件下，可获取的信息量非常庞大，种类也非常丰富。

（2）培养学习者发现问题和解决问题的能力。这种能力不是简单的感知、复述和应用，它是围绕特定目标，包括问题解决、创造性思维、批判性思维以及元认知等进行的思维活动。

（3）促进学习者的终身学习。使学习者能有效地使用自主学习的技能，在毕业后继续学习，并把它作为终生的习惯。

3. 教学目标的设计

（1）知识目标的设计。在 PBL 中，学生是在架构问题框架、探求解决方案并做出有效决策的过程中获取和运用知识，教师要对整门课程及各教学单元、教学目标进行分析，构建关系图，编写问题情境。

（2）技能目标的设计。在 PBL 中，主要培养的技能是解决问题的能力、社会交往的能力、自主学习的能力、终身学习的能力等。要用到艾斯纳提出的表现性目标和问题解决目标的分析方法。

（3）情感目标的设计。情感是对外界刺激做出的肯定或否定的心理反应。这类目标与教师通常所说的兴趣类似，强调对特殊活动的选择与满足。

（三）教学内容的设计

在 PBL 课程设计中，要对学习者和学习内容进行分析。对学习者进行分析的主要目的是设计适合学生能力与知识水平的学习任务。

1. 对学习者进行分析 对学习者进行分析能了解学习者的学习准备情况及影响学习的心理因素。PBL 能适用于不同的学习风格和课程领域，而不必考虑学习者的年龄、性别以及已有的知识经验等因素的影响。学习者已有的知识经验深刻影响着学习者对问题任务的理解和解决。如果学习者不具备基本的知识，那么他对问题意义的理解将不完整，学习者也不可能很好地解决问题。PBL 设计的目的是培养学生的创新能力和实践能力。

2. 对学习内容进行分析 PBL 学习任务的结果是形成某个核心的问题，该问题往往要求学习者在真实情境中通过自我建构的方法来学习。

（1）问题的类型。针对一门课程选择问题可以考虑以下几个方面。

①结合生活实践的问题。选择结合生活实践的问题，让学生去分析问题和创造性地解决问题。在这个过程中，学生会对所学知识有更深的体会，为培养创新意识和能力提供有效的帮助。

②帮助学生拓宽知识面的问题。由于教学大纲、教材内容等方面的限制，学生常常会有对教材内容适当扩展的需要，而这些展开、延伸的内容中很多是进行创新性学习的好素材。

③跨学科问题。在传统教学中，学生常不敢跨出自己所学学科的门槛。应积极鼓励学生将各门学科融会贯通。

（2）问题的开发原则。

①以学习内容为依据。问题开发要基于一定的概念和原理，要考察中心概念的应用环境。

②问题的劣构性。问题分为两种类型：良构和劣构。一般认为具有确定的、已知答案的问题是良构问题，因此良构问题没什么"解决的价值"。PBL 强调问题是劣构的。

③真实性原则。建构主义教学观认为，真实性任务可以整合多种知识和技能，同时也有助于学习者意识到他们所学知识和技能是与他们相关的，是有意义的。

④符合学习者特点。不同的学习者接受知识的能力往往会有很大的差异。PBL 适合任何水平的学生，能为不同水平的学生选择不同复杂程度的问题。

⑤系统性与随机性的统一性原则。基于整体课程与知识结构的系统性设计问题时，要使各问题之间包含的知识内容多次相互联系和交叉重叠。

（3）问题的选择。在设计 PBL 时，选择并设计的问题也就是学习的主题。这个主要问题应该来源于实际生活，具有一定的意义。

3. 问题的设计　问题就是在教材内容和学生求知心理之间制造一种不平衡的状态，把学生引入一种与问题有关的情境过程。

PBL 中的问题一般都是基于一个社会情境展开的。

好的问题的描述应该基于学生的生活经验和社会文化背景；问题来源于课程，与课程内容和课程目标紧密联系；问题的解决是多渠道的，在一定的范围内适合不同的教学方法和学习策略、学习风格；问题最好是结构不良（劣构）的。

为了使学生形成合理的问题空间，使学生形成对问题状态的全面把握，在问题陈述的时候，将 PBL 中的问题分为焦点问题、学习问题等。焦点问题是问题的具体描述，它以综述的方式阐述学习者应该解决的总的问题是什么，能让学生在真实、丰富的问题情境中感受自己所要解决的问题是什么。焦点问题设计是问题设计的重点。为了使学习者置身于提出问题、解决问题的动态过程中进行学习，而需要学习者进行探究的问题称学习问题。

在开展 PBL 时，问题的质量直接影响学生学习活动的成效。PBL 问题应该是结构不良的、开放的问题。问题的定义应是含糊且不确定的，解决问题的方法是多种多样的，问题的解决方案没有正误之分。问题设计目标是让学生去研究问题，问题的设计是让学生从已知信息中得出结论并发现附带的信息，发现多种解决问题的方案。

（四）教学活动的设计

学习者认知机能的发展、情感态度的变化都应归因于学习活动。

1. 学生活动的设计 我们在设计与学生的互动活动时，围绕发现问题—分析问题—解决问题这条线而展开。学生的活动可进行如下设计：总体讨论，学生对教师按照教学内容而形成并抛出的主要问题进行总体讨论，总体讨论后，有相同兴趣的学习者针对某一问题组织形成研究与学习小组。之后学生在小组内围绕问题展开学习。学习评价，小组进行自我评价，锻炼和提高教学目标中提出的各种能力。此外，学生的自我反思能为下次的 PBL 教学提供借鉴。修正方法，每个学习小组按照学习指导者以及其他小组的建议修正小组的问题解决方法，形成正确的、有创新意义的结论。

2. 教师活动的设计 在 PBL 中，教师担当学习向导、教练或专业顾问的角色。教师的角色以及作用在 PBL 中仍是很重要的。

（1）展示问题情境。在 PBL 开始前，教师应该分析教学内容，把这些知识要点浓缩成几个主要的、有意义的问题。这些问题可以驱动学生去仔细思考，让他们去寻找问题、分析问题，从而进一步解决问题。第一，应注意选择那些与实际生活紧密相关而且包括了计划让学生学习的知识点的那些问题，从而使学生的认知水平产生不平衡状态。第二，还应该创设一种支持学习，对学习不断形成挑战，需要进行有意义探索的环境。

（2）引导学生学习。在学生分析问题、探究问题的过程中，必要时可以为学生提供建模策略、辅导策略等。在这一阶段，教师对学生的问题推理过程进行提问和启发，以起到一个支架与教练的作用。教师在与学生进行互动时，一般不直接向学生表达自己的观点或提供有关的重要信息。学习辅助者经常在元认知水平上对学生进行提问，而不涉及具体的专业知识。元认知过程实际上就是指导、调节我们的认知过程，选择有效认知策略的控制执行过程，其实质是人对认知活动的自我意识和自我控制。

（3）提供回馈和帮助。在学生协作学习、解决问题的过程中，教师要给学生各种帮助，对学生的问题提供及时回馈，及时监控和维持学生的学习活动。

（4）组织学生评价。对学生的问题解决方案给予评价，并在学生自评、互评的基础上给出自己的意见或做总结性评价。

（五）网络环境下的 PBL 设计

1. 设计的理论基础 设计理论依据众多的教育心理学理论，格式塔理论、认知理论以及建构主义理论为网页及网络学习活动的设计提供了很好的理论指导与支持。

（1）格式塔理论对设计的作用。格式塔理论对网络教学设计的指导正体现在感知理论在屏幕设计的应用。人们在知觉时，对刺激要素相似的项目，会倾向于把它们联合在一起。在网络教学中，可以通过强调、动画、对比色的使用或其他手段以达到将学习者的注意力集中于视觉范围内的关键概念的目的。

（2）认知理论对设计的作用。认知理论中的许多方式都能为设计网络教学网页以及学生与网页的相互作用带来启示，这些方式包括认知图式、概念理解活动以及利用动机图形、动画和声音等。概念形成是一个互动的过程。学习者先从各种属于及不属于该概念的例子了解到该概念的特点，再就该概念的定义形成各种假设，直到得出定义。

（3）建构主义理论对设计的作用。建构主义理论有很多特点，如学生自主建构知识、学生在"真实"的环境中解决问题等，这一理论在网络教学中的适用性很强。建构主义理论认为，主动地把对知识的解释转化为自身的内部表述，有助于建构起知识。在网络教学中，让学生自己设计图形、思维导图或提纲等活动，能帮助他们理解自己的思维结构。网络提供给学习者最为强大的交互媒体。在网络教学中，学习者可以通过 E-mail、QQ、BBS、MSN 等通讯交流工具进行讨论、交流，还可通过网络所提供的协作平台开展协作活动。借助网络的技术优势，每位学习者都能选择合适的方式将自己的认识、收获等予以表达、展示。

2. PBL 网络课程的主要设计内容　网络环境下，PBL 的教学设计主要分为两个过程：给出问题、解决问题。从 PBL 学习过程来看，至少有两个要素是不能少的，一个是学习内容，另一个是学习活动。由于学习内容是 PBL 的一个关键因素，所以将它从学习活动中单列出来进行设计。这只是研究重点上的一种区分。

学习内容设计是在对学习者进行分析的基础上，针对课程内容选择适合 PBL 的内容并设计成问题或问题情境。

学习活动设计：PBL 学习活动的基本流程和步骤设计是对活动的宏观控制，监管规则设计则是微观控制。

对于 PBL 的小组活动过程监管主要表现为：要求小组公布小组成员以及他们的个人信息；对学习者完成学习任务各个环节的时间进行明确规定；小组事先规定小组成员进行阶段性讨论的时间，

使得讨论的针对性强；规定学习活动的外部形式和各阶段的活动成果形式。

学习评价规则设计。评价是 PBL 的一个重要环节。在小组评价中，其内容包括：对整个小组问题解决过程和结果的评价。在 PBL 网络课程设计中，提倡事先将评价规则展现出来，这样可以对学生起到正向引导与激励作用。

评价往往是从与学习目标相关的多个方面详细制定的指标，设计时需要考虑的内容：根据教学目标和学生的水平来设计结构分量；根据教学目标的侧重点确定各结构分量的权重；具体的描述语言要具有可操作性。

在学习结束的时候让学习者进行学习反思，有利于知识的迁移。在基于解决问题的探究建构活动中，所形成的新意义、新经验往往暗含于探究建构过程之中，应从过程中抽象概括出可能的知识并进行反思性整合。

三、PBL 教学模式的效果评价

PBL 教学模式的效果一般采用对比法进行评价。设立观察组与对照组。两组一般资料比较差异均无统计学意义（$P > 0.05$），有可比性。

方法：对照组采取传统教学模式进行教学，即以课堂讲授形式为主，以教师为主体，进行系统性和完整性的讲解，使学生在较短的时间内掌握更丰富的知识。观察组采用 PBL 教学模式，以学生为中心实施教学，也就是围绕问题开展教学，培养学生的独立性、自主性、创造性，以学生讨论为主体，教师作为引导者对学生进行引导。课后教师对学生进行考核，同时也发放评价表，由学生对老师进行测评，分值满分均为 10 分。两组比较差异有统计学意义（$P < 0.05$）。

统计学方法：可采用 SPSS 16.0 或 DPS 统计软件进行统计分析，计量资料用（$x \pm s$）表示，采用 t 检验；计数资料采用 χ^2 检验；$P < 0.05$ 为差异具有统计学意义。

PBL 教学模式是指以问题为基础、以学生为中心、以小组讨论为主要方式实施教学的一种教学模式，其实质是围绕问题开展教学，培养学生的独立性、自主性、创造性、获取新知识的能力和运用知识解决问题的能力。PBL 教学模式显示出了强大的优势：提高了学生自主学习的能力，培养了学生综合运用知识的能力，锻炼了学生的口头表达交流等能力，有利于学生对基础科学知识的整合运用，培养临床思维。有教学评估结果显示，PBL 教学的后期效应明显，通过 PBL 整合教学训练的学生专业能力强，毕业后可以很快进入职场角色。

PBL 以小组为单位进行，锻炼了学生之间合作及交流沟通的能力。

PBL 开拓了学生的思维，在 PBL 的查阅及探讨中有关知识的纵向发展相对于其他教学模式有着不可比拟的优势。

在 PBL 教学模式中，学生已由知识的被动接受者转变为自主学习者、合作者和研究者，成为此种教学模式的主体。学生在这种教学模式下，要努力实现角色转变，增强参与意识，从关注理论的学习转变为关注理论的实际运用，从注重倾听转变为善于交流、善于倾听、勇于承担责任。教师应在 PBL 教学中发挥好主导者的作用。

本组资料结果显示，观察组学生评分结果、教师评分结果与对照组比较差异有统计学意义（$P < 0.05$）。由此可见，在植物病理学教学实践中，PBL 模式教学有利于提高教学质量，提高学生的自主能力。项目导向教学法在植物保护专业的课程中应用时，将学生作为课堂主角，使学生在完成任务的过程中学习理论知识和专业技能，有利于提高学生的课堂学习兴趣与积极性，学习效果良好，能为学生的就业发展奠定良好基础。目标导学项目驱动（图 1-5）中：教师以问题方式揭示目标，引出学习任务，组织学生深入课堂。学生根据提出的目标和任务看书自学，了解和认识基本知识，扫除基本知识学习障碍，把不懂的内容做上标记，将自学中的疑点作为交流和展示的重点。探究交流，解决问题。学生组内交流讨

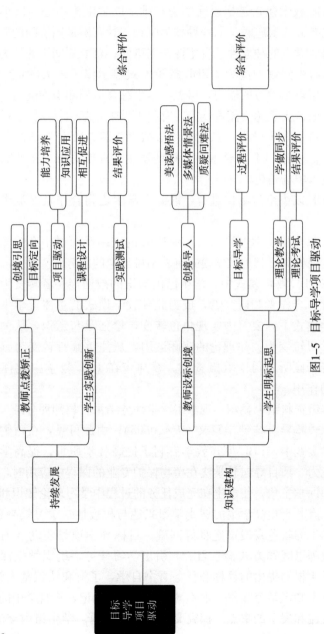

图1-5　目标导学项目驱动

论，解答老师提出或学生自学时产生的问题；然后，抽取部分代表交流汇报。通过交流展示，让学生的思维在独立思考的基础上充分碰撞，得到准确而清晰的知识和优先的方法。对于学生理解不准的、不到位的知识，教师要及时点拨、讲解。对于学生在学习或汇报中的疑难问题，老师要组织全班学生积极讨论解决，学生不会的老师再点拨讲解。每堂课学习新知识后，都要通过练习及时消化理解所学知识，让学生当堂训练，促使其当堂达标。通过当堂训练，一方面使知识过手过脑（A 等级为 1/3 左右人达标，B 等级为绝大多数人达标，C 等级为几乎所有人达标），另一方面反馈了解学生达标程度，便于调整补救。师生以框架或图表等形式进行知识归纳，将重点内容梳理成线，或以问题形式引导学生进行课后反思。

第五节 双 PBL 模式应用案例

一、植保研究生专业外语教学改革探索

外语是从事科研和教学极其重要的工具之一。针对传统植保研究生专业外语（英语）教学过程中存在的不足，采用 OBE（outcome-based education，OBE）理念，将基于问题的学习（problem-based learning）和基于项目的学习（project-based learning）模式同时引入专业外语学习方案中，构建双 PBL 教学模式，并将此教学模式在植物保护专业研究生中进行了实施和教学探索。此教学模式下以学习产出为导向，能有效引导研究生将专业外语学习与项目学习方案相结合，激发研究生的学习兴趣和热情，实施取得了较好教学效果。

（一）专业外语教学现状

1. 本科生英语学习现状及原因 本科生阶段的英语语言学教学受学生固有学习方式与学习习惯的影响。在涉农教育中，几乎必须学习英语，然而，教与学花了大量时间，英语教学也并没有取得一个好的效果。本科生考研中，大多数考生的英语成绩并不理想，

究其根本原因，一是自己不热衷于学习，不愿意花更多时间学习知识；二是英语应用环境有一定的局限性，在日常生活中较少有合适的语境来英语交流；三是在本科生阶段，英语学习习惯对专业英语学习有着固有的影响。

2. 研究生英语学习的现状　植物保护专业英语是涉农专业开设的一门基础课或选修课，其主要讲授的内容是植物病理学、昆虫学和植物化学保护专业英语的阅读和写作技巧。植物保护专业英语是一门基础课程，并在植物保护研究生及相关涉农研究生中进行导读教学，内容包括植物病理学、昆虫学、农药学核心知识。英语作为一种语言工具，研究生在学习植物保护专业英语后对学术信息的获取、国际交流等有着重要的作用。因此，专业英语的教学对于高素质创新人才培养具有重要的意义。根据近 5 年以来植物保护专业英语教学的经验，总结出以下内容，以期为植保专业及相关的涉农研究生英语教学改革提供参考和理论依据。

在教学中发现一些涉农专业研究生（包括植物保护专业）外语基础普遍薄弱，主要原因是在本科学习阶段注意了考研外语学习，而未注重专业外语学习，课堂上参与交流少，师生之间的互动交流较少，学习多是被动接受，而不是主动能动学习，同时思考少，反馈少，参与少。

本科生阶段课程时间安排不合理。课时难以保障专业英语为必修课。植物保护教学内容包括农业昆虫学、高级植物病理学和植物化学保护等，每一部分教学时数应不少于 30 学时。

部分学生认为自己日后从事的工作不需要英语，所以缺乏学习兴趣，有些甚至放弃了专业英语的学习，导致专业英语不能满足学习的要求，还需要进一步学习植物保护方面的专业外语。

要提高研究生专业外语水平，方法之一是改革研究生专业英语教学模式，也有必要改进本科教学阶段的教学方法，因此，构建双 PBL 教学模式显得更加重要。

与本科生相比，研究生仍然具有自己的特性，有可行性和必要性，属于培养教育阶段。总的来说，研究生政治素质好，思想比较成熟，有理想，有抱负，且正处在一个向上探索进取时期，学习刻苦，成绩显著，生活经历简单，缺乏社会实践锻炼，思想活跃，对新事物比较敏感，存在可塑性。

在科学研究方面，研究生不仅要具备被动接受知识的能力，更要具备发现问题、擅于分析问题、善于解决问题的能力，以及良好的科研思维和科研素养。现阶段的研究生，在科学研究方面有一定的优点，大部分研究生思想较为独立，有自己的想法和见解，在进行科研时具有较强的独立研究的精神，同时，又能通过网络等多渠道获得在研究过程中所必需的相关信息。但是，由于每个人情况不同，所研究的方向各异，每个人所具备的优势不同，在做科研时亦需要团结协作，过分强调独立并不利于更好地开展科研，专业外语学习有利于研究生拓宽其科研视野，若不具备相关能力则只会造成在研究过程中思路局限，内容不够新颖。

智慧的火花来自思想的碰撞，研究生要想把科研做好，就必须拓宽学术视野，做到中外学术成果融会贯通。双语教学的目的是专业知识的传授和专业能力的培养，不能完全等同于外语的学习，是培养研究生用英语思维的习惯，使其正确理解专业术语及其含义，具备用英语表达和交流的能力，所以授课过程中要尤其讲究教学方法和手段。

课堂教学中，教师和研究生是教学的双主体。研究生不是被动的知识接受者，而应是积极的知识探索者和问题解决者。教师不是课堂活动的中心，他的作用是创设一种研究生能够独立探索的情景，启发研究生自己寻求学科的规律和特点，而不仅仅是向研究生提供知识。

（二）OBE 理念及双 PBL 教学模式

在 OBE（outcome-based education）理念的培养方案设计的基础上运用双 PBL 教学模式。OBE 可理解为能力导向教育或结果导向教育。OBE 理念由 William Spady 创设。该理念认为，教学任务在实行前应明确当前专业领域要求研究生具有的技能，明确毕业后研究生需要具有的知识、能力，围绕专业需求设计教学目标，即以成果为导向进行教学设计。

面对新问题和新挑战，硕士的教育培养应秉承新的教学理念，以能力培养为出发点，构建国际化培养环境，为拓展研究生学术视野、培养具有创新能力的人才打下坚实基础，因此必须基于 OBE 理念，采用 PBL 进行教学法设计。

基于问题的学习起源于美国医学专业，经过推广和改革，已经在多学科领域得到成功应用，植物保护专业与医学专业在很多方面有着相似之处，容易借鉴和应用。这种教学模式强调让研究生进入问题的境地，与学习者合作解决实际问题，学习问题背后的科学知识，并形成解决问题和自主学习的技巧。

基于项目的学习是在一定时间内，通过完成具有一定目标的项目来解决若干相关问题，简而言之就是在项目中促进学习。项目学习法的引导者是教师，教师先将英语语言学的知识点设计成项目，再将项目布置给研究生，这样研究生不仅能够对项目有一个比较全面的认识，同时还能够学习到项目中的知识点，研究生是项目推进的主体。项目学习法的优势体现在研究生能够主动将英语语言学的重点知识消化，而不是一味接受教师讲述的知识。

整个教学实践分为横向和纵向两个层面同时开展。纵向是以项目为导向，横向是以问题为导向，将每堂课延伸到课下。两种教学模式进行有机结合或融合，教师只作为教学顾问，主要负责引导研究生、帮助研究生及指导研究生。研究生也不再是被动的知识接受者，学习过程为参与式，具有实践性、主动性、开放性、自主性和创新性等特点。

针对目前植物保护专业外语教学中存在的问题，综合基于问题的学习和基于项目的学习两种教学模式的优点，将其同时引入植物保护专业英语教学，构建双 PBL 新型教学模式。基于问题的学习模式能充分发挥教师的主导作用和研究生的主体作用，有效引导研究生将专业外语所学的理论知识与项目学习方案相结合；通过基于项目的学习激发研究生的学习积极性，培养研究生自主学习能力、团队精神和创新能力，提高研究生的科学素质。

（三）双 PBL 教学模式的实施

植物保护专业英语是植物保护专业研究生教育中必备的一门重要专业课程。拥有丰富的专业英语知识对于研究生进行更扎实和自由的科学研究至关重要。通过对植物保护专业英语课程的学习，研究生不仅能为专业英语打下坚实的基础，更重要的是提高专业英语的表达能力和使用能力，对在科研中进行文献检索和科技论文写作，如英文摘要写作、外文写作和学位毕业论文写作都有积极的作用。植物保护专业外语教师应不断探索和改进植物保护英语的教学内容和方法，采用基于项目的学习方案，经常总结、提炼专业英语的教学规律，并在教学中培养研究生对社会的适应能力，培养新时期、新形势下高素质的新农科综合型人才。

1. 学习方案与内容 依据植物保护专业英语项目学习方案，开展双 PBL 教学模式在植物保护专业英语教学中的具体实践。以研究生为研究对象，进行 6 个学期重复试验的"问题导向＋项目组织"双 PBL 教学模式，共 30 余名研究生参与项目实践，应用于植物保护专业英语和相应的农科研究教学中，反复实施和验证。将研究生按兴趣取向分成两个项目组，按照植物病理学、农业昆虫学、化学保护方面知识要求，每组配备相应的教师作为指导教师。项目组在指导教师的协助下共同确定项目选题，讨论研究项目内容，完成项目工作并撰写项目报告，此部分均在课下完成。在课堂教学环节中，教师是引导者、协助者和指导者，研究生是主体，是积极的主动学习者；教师提供恰当的理论和方法，并监控项目工作，以确保方向的正确性。整个植物保护专业英语教学实践分为横向和纵向两个层面同时开展。

2. 课程项目学习的项目设计 课程专业外语项目学习的专项内容设计可以由专业教师拟定项目，也可以由研究生自由选题。在题目选定后，教师要对每个项目提炼出相应的核心及相应的关键问题，给予指导性建议，并在项目学习方案实施前，至少提前 1 周发布给研究生，以供做好相应的准备，这是导学的前期工作。课程项目由课程模块组成，课程模块可以由不同的模块组成。每个模块都有一定的时间（模块时数），每个项目也都有一定的小时数（项目时数），因此必须预先设置每个项目的上课时间。就制定项目主题来讲，课程项目主题的设计应该具有一定的针对性及一定的逻辑关系。课程采用基于项目的学习，根据课程项目计划时间表来推进课程项目的进度。最后，在项目完成后，专业英语教师应安排课程项目的讨论工作，让研究生总结项目的实施效果和完成项目中遇到的困难，从而完成教学计划并获得预期的课堂教学效果。研究生自由组合成项目组，针对教师提出的问题查阅资料，并在此基础上设计项目学习方案。专业英语教师对研究生上交的项目学习方案进行审核，指出问题，并在项目学习方案实施前 3~5 天反馈给研究生。

3. 课程项目实施　总体思路是将研究生分组，由组长讲解项目内容并实施，教师随时指出可能存在的问题，讲解学习方案要点，创建问题情境。研究生依据该组确定的项目学习方案进行项目方案学习，项目学习方案过程由研究生独立完成，教师应提供一些相应的资源，提供指导、纠正、辅助和检查。在以小组为单位的项目实施中，以问题为导向、提出问题，研究生通过讨论并查阅互联网分析论证，进行回答，教师可根据回答情况与研究生进行探讨，可用个别指导、分组指导等形式进行。

在研究生中设立专业外语及其项目学习方案课程。项目课程分层处理，分成三个大模块，项目学习方案课程内容是挑选理论课上所学的知识点，每个模块选取 2~3 个具有代表性的项目学习方案，完成 30 学时的项目学习方案教学。在现行的专业外语项目学习方案植物保护专业外语导学教学中，基本上按照双 PBL 教学模式进行，即教师按照教学计划选取项目学习方案内容，并在课前告知研究生；教师讲解项目学习方案目的、项目学习方案实施步骤、注意事项等；研究生进行分组，按程序有步骤地进行预定的学习计划，完成项目学习方案；研究生按要求完成并上交项目学习方案报告，教师依此进行成绩评定。双 PBL 学习流程图设计见图 1-6。这种教学模式也存在一定的不足：项目学习方案内容主要以教材上的内容作为学习方案内容，课外资料扩展不够，研究生学习的主动性可能不够，能够完成预定的项目学习方案，研究生独立思考、分析问题和解决实际问题的能力仍然得不到充分发挥。针对目前"植物保护专业外语"教学中存在的问题，教师们正努力寻求一种新型的教学模式，以真正实现双 PBL 教学的各项功能。

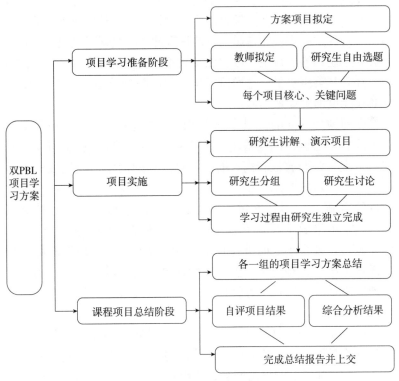

图 1-6　双 PBL 学习流程图

　　课程项目实施中，教师在引导研究生时不应该将重点放在研究生身上，而应将重点放在教学内容上。这是因为 PBL 教学与 LBL 教学有一定的差异，LBL 即传统的讲授式教学法，它以教师为主体，以教师讲课为中心，特点表现在它是大班全程灌输式教学。传统的讲授式教学目前在专业外语教学中仍为应用最广泛的一种教学法，有成熟的、定型的范式。这种方法中，课堂讲授是教学的主要工作，无法发挥研究生学习的主动性。

4. 课程项目总结阶段 研究生完成项目学习方案之后，需要对该组的项目学习方案过程和结果进行认真整理和总结，组间进行交流。综合分析与自评项目学习方案结果，撰写学习总结报告并上交。专业英语教师和助教应全面总结考评各小组的项目学习计划，并评估他们的成绩。在高校英语语言学教学中，教师应该注重三方面：一是教学内容，二是研究生的积极性，三是课堂气氛。必须培养研究生使其形成自主学习意识，激发研究生学习英语语言学的兴趣，提升其英语水平。这样研究生不仅能找到英语语言学的乐趣，同时还能更加主动地学习。

以问题为导向的学习将每堂课的课堂延伸到课下，由 5 个环节组成。一是创设问题情境，教师根据教材内容和教学目标向研究生呈现一些开放性较高、有一定挑战性的问题，并选取网络学习平台中丰富的资源供研究生参考。二是研究生分组，由小组成员进行合作式学习，通过查阅、思索、讨论形成答案，解决问题。三是成果展示，每个小组选出代表在课堂上进行汇报。四是互评总结，各个小组间进行互相评价和提问，并由任课教师对教学内容给出回顾和总结。五是教学评价，教师对各个小组的学习活动做出评价，以形成性评价为主，尽量实现评价标准、形式和内容的多元化。

双 PBL 教学模式应用于植物保护专业英语教学中，每个学期从项目的开题、实施到完成、评估，构成了 PBL 教学模式的一个大循环；每堂课上的提出问题、小组讨论、课堂汇报到教师总结，又构成了小循环。研究生在这种不断提出问题、解决问题的合作学习的循环中，能够极大地提高自身植物保护专业的英语实践能力，充分发挥研究生的优势，满足研究生的个性化要求，在提升研究生专业能力的同时，发展人际交往能力和团队合作能力。

（四）双 PBL 教学模式实施效果

在植物保护专业研究生"植物保护专业外语导学"中实施双

PBL 教学模式。为了检验双 PBL 教学模式实施效果，在经过一段时间后对参与的研究生进行调查、访谈等，评估教学效果。问卷调查结果表明，有 86.78％的研究生认为教学效果很好。另外，有 42.9％的研究生认为项目学习方案课时不多。原因分析如下：在该教学模式首次实行时，专业外语项目学习方案"植物保护专业外语"中传统植物病理专业外语如分子病理学部分内容（课程三大模块之一）课时数少，只有 3 次项目学习方案，致使研究生分组较少、参与少。在双 PBL 教学模式的继续推行中，要逐步增加植物病理学项目学习方案内容板块如分子病理学的内容，充分调动研究生对植物保护专业外语学习的积极性，强调专业学习的重要性，改善研究生学习参与程度不高的状况。

根据首次实施双 PBL 教学模式后研究生的反馈，继续改进教学实施细节。经过 6 年教学探索，近两年的 PBL 教学模式取得了一定的预期效果。

1. 植保专业外语部分课程的设置由植物保护专业本科生教学扩展至本专业的研究生教学中，并在以后的教学中，在类似植物保护专业研究生即更多的涉农研究生课程中试行。

2. 通过双 PBL 教学模式，激发了涉农研究生的学习热情，培养了研究生对课题研究的兴趣，使得研究生在创新项目学习方案上面投入了较多的时间和精力。

3. 授课模式向模块化转变。以往的以教师为中心的授课模式向模块化转变，可以分为 4 个主模块，每个模块分为若干个子模块，在预习阶段的项目学习方案设计的基础上进行。

第一模块由专业外语教师或研究生自己以问题为导向选定题目，导师审核后，研究生通过阅读大量的文献，独立完成项目学习方案的设计，提交给任课教师，由教师多次修改项目学习方案，直至方案完善，并指导研究生根据项目学习方案制作项目学习方案计划书，根据计划书准备项目学习方案。该模块意在培养研究生的文献查阅能力、项目学习方案设计能力、总结能力。

第二模块是小组讨论。在确定项目学习方案以后，根据项目学习方案中的步骤进行小组讨论，探讨出在项目学习方案过程中容易出现的问题，并就此问题查阅文献，提出应对方案。该模块意在培养研究生的综合设计能力、创新能力。

第三模块是项目学习方案的实施与进行。按照方案进行科学合理地分工，共同解决在项目学习方案过程中所出现的各种问题。该模块意在基于问题培养研究生的团队合作能力和独立解决问题能力。

第四模块是项目学习方案报告的书写记录和数据分析。项目学习方案可能有多种结果，即具有多样性，不可以简单地否定非预期的结果。对于非预期的结果，可以通过组内讨论、论证去发现问题并解决问题。该模块意在基于问题培养研究生解决问题的能力和严谨的科研态度。

4. 评价体系得到了改革与创新。对于研究生的双 PBL 教与学过程进行的评价，推翻了只评结果而不评过程的做法，将研究生的项目学习方案过程分为 5 个等级进行评判，分别是优、良、中、合格和差。综合专业外语评判的主要内容有项目设计是否结合专业知识、项目设计是否结合科学研究内容或与专业相关、是否学用结合、解决问题的能力如何。

项目学习方案报告评分标准有以下几条：双 PBL 方案名称的准确程度；双 PBL 目的是否明确；双 PBL 具体实施步骤是否记录清楚，步骤是否简洁，顺序是否正确；双 PBL 与专业或科学研究结合的程度；双 PBL 的内容是否清楚正确；结果与讨论是否真实清楚，是否提及改进措施；卷面是否整洁美观，是否有涂改。

（五）双 PBL 教学模式存在的问题

双 PBL 教学模式比传统的教学模式效果显著，但也存在一些问题，需要在今后的应用中加以改进和注意。

1. 选题 专业外语课程有自学、讲授、课堂互动、翻译写作 4 个板块，双 PBL 教学模式授课题目的选定主要分为 3 个部分，各部分之间相互结合较少，使得综合性项目学习方案内容较少。此外，研究生自主选题如果超出了双 PBL 内容的范围，进行的效果不好，在一定程度上打击了研究生的积极性。

2. 考核方式 整个项目学习方案的过程包括研究生结合专业知识进行文献查阅、选题、拟订方案、项目学习方案开展、总结分析、撰写项目学习方案报告等。这一过程涉及的问题可能较多，必须以问题为导向，逐个解决问题，但过程复杂可能导致实施困难、操作性难，必须改进可操作性。目前，对于该项目学习方案课程的考核，只是从项目学习方案课程的表现、项目学习方案翻译准确度、项目学习方案与专业相结合的程度方面来考评，应对于研究生的综合素质和设计的专业翻译项目水平及问题解决的能力，也要有一个综合评判。

（六）专业外语教学改革探索讨论

针对传统教学方式进行改进和补充，把 OBE 的目标导向理念和双 PBL 教学模式引入研究生课堂，取得了预期的教学效果。涉农研究生，尤其是植物保护专业研究生反映教学效果较好。该模式明确了具体的课程教学目标，增加了师生间互动，充分挖掘了研究生的积极性和创造性，增进了他们对知识的理解，提高了他们解决问题的能力。

专业外语已经成为高校涉农研究生必备的知识，是科研论文写作主要工具语言，还可以培养研究生的专业外语表达能力、交流能力、写作能力和思考能力，发散研究生对科学研究的思维方式。传统教学模式是以老师为中心，教师过于重视对课本理论知识的讲解，采取灌输式教学方式，不能调动研究生学习的积极性，导致英语教学效率低下。双 PBL 作为一种新型教学模式，可以有效激发研究生的积极性和主动性，保证专业外语课堂教学的质量和效果。探索符合研究生实际情况的教学模式，培养研究生的综合素质，以满足社会发展对人才的多方面需求。在教学时，教师要积极运用双 PBL，激发研究生的学习兴趣，打破传统单一乏味的教学方式，培养研究生独立思考、自主学习的能力，提升研究生的听、说、读、写能力，使研究生可以独立自主解决在英语学习中遇到的困难。教师通过采用双 PBL 教学模式，引导研究生进行实际操作，在丰富研究生知识层面的同时，在很大程度上可以提升研究生的语言表达能力，使其掌握相关英语对话技巧，提升英语教学效率。

评价体系应该包括项目学习方案课程的全部内容、项目学习方案的评价、项目学习方案过程的评价和项目学习方案报告的评价。

专业英语的教学目标要求教师兼有相关专业与英语的双重能力，但实际英语能力和专业英语教学目标之间还存在着一定的差距。

双 PBL 课程的教学改革任重而道远，相信经过师生的合作努力，一定会取得较好的成绩。缺少专业教材是现下一个突出问题。教材是教师在课堂上向研究生传授专业知识的蓝本，教材选用得当会直接提高教师的课堂教学效果和教学质量。部分农业高校植物保护专业英语多年来一直使用任课教师自行编写的专业材料，在选用资料内容、学术前沿性以及专业知识面等方面存在较多问题，教学内容的专业性难以保证。教材内容大多来自相关专业国外专著及某些外文刊物，有的是全文选用，有的则是节选部分章节，主观色彩较强、缺乏明确的教学目标以及知识的连贯性和系统性，难以兼顾多专业的平衡教学，不足以达到专业英语的功能性要求，影响了教学效果和教学质量。同时，教材内容注重学术性和知识性，与研究生的生活和未来工作关系不大，导致研究生对教材内容兴趣不高，因此，在教材的选择上还有待进一步提高。

在植物保护专业外语研究生教学中，尝试了以 OBE 为导向、以双 PBL 教学模式为形式、以研究生为中心、以项目式教学为核心的教学方法，以期提高研究生的外语素质能力，并促进研究生的人际交往和团队合作能力，目前取得了较好的教学效果。

二、基于双 PBL 方法进行毕业课题的选题研究与应用

调查分析了植物保护专业 30 余名本科生、研究生的毕业课题设计情况和一些共性问题，提出了学生毕业论文课题选题和课题研

究可以试用双 PBL 进行。基于问题的学习与基于项目的学习相结合构建的双 PBL 是教学法的创新。此教学法能使学生综合运用各学科知识的能力，如应用植物病理学知识、农药学和统计学等进行毕业课题选题和用项目学习法进行创新性研究。双 PBL 也在一定程度培养了学生创新思维能力，培养了学生的动手能力、实践能力和理论联系能力。

植物保护专业本科生、研究生毕业课题的质量是检验学生综合运用各学科知识能力的重要标准，如毕业课题设计要求本科生综合运用植物病理学知识、昆虫学知识、农药学知识和统计学等学科知识。毕业课题设计和毕业论文的写作是培养学生创新能力的重要途径之一，也是毕业前关键的培养阶段，特别是培养本科生的实践能力。本科生在进行毕业论文设计时，大部分学生选题存在许多问题，如选题不当、可信度差、写作技巧差、个人见解不足等。知识的局限性导致学生在选题方面存在着很大的盲目性，6 年间调查了 30 多个本科生的毕业课题设计中的一些情况，发现植物保护专业的本科生毕业课题设计存在的一些共性问题。为了解决这些问题，提出了基于导师的科研项目，结合学生毕业课题设计有针对性地进行问题分解。对于如何开展和设计一些方法的探索性研究，提出了毕业生课题的研究应该以双 PBL 进行，这是一种全新的、综合性的教学方法，是在毕业论文设计和选题方面的新尝试。

在指导毕业生论文过程中，应用双 PBL 教学法指导笔者所在高校 2013—2018 届植物保护专业 30 名本科毕业生毕业论文课题和部分研究生的论文选题，探索了一些新的教学方法、学习方法，经过反复论证，汇总如下。

（一）以问题为导向进行毕业课题选题

1. 提出问题与分类、筛选问题，进行选题和设计　问题是科学认识论和方法论中一个十分重要的基本概念或范畴。科学家和哲学家一直非常重视问题在科学研究中的作用。科学的历史启示我们，科学研究正是问题推动研究的发展，并在解决问题中前进。问题不断出现，研究才能不断深入发展。

毕业论文（设计）作为高校本科教育的重要组成部分，是人才培养计划的重要组成部分，是理论与实践的结合，是培养学生分析、解决实际问题能力和科学研究能力的重要阶段。学生在自己的知识储备和实践能力及查阅相关研究资料的基础上提出问题，并运用所学知识和个人能力，设计出研究该问题的较为合理的方法，分析研讨并最终解决问题。因此，每个毕业生要思考选择什么内容，提出相应的问题，作为自己毕业论文的研究内容。

2. 以问题为导向确立课题，进行分析讨论　在指导学生进行毕业论文课题的研究时，应充分以问题为导向，进行探究性研究。通过研究内容和目标，发现以往研究中的问题，进而进行实践。实践过程是基于一定的原理或知识，正确运用自身的技术制订问题的解决方案，最后通过实施过程解决问题。

目前有研究课题的教师，其研究项目过于庞大，并不能直接作为本科生的毕业论文研究内容。在本科毕业设计"一人一课题一导师"的个人培养模式上，试行基于团队合作的培养模式。

根据这种新的培养模式，毕业生组成几个研究小组。这两种模式在本课题研究中都进行了初步研究和探索。

在这个过程中，我们确定目标问题、确定目标研究计划、选择研究技术和路线、应用技术、反馈评价、技术选择和应用过程的评价解决研究计划中出现的各种问题。

问题是探究性研究的开始，没有问题就谈不上研究，这是由探究性研究的特点决定的。不仅如此，在设计时应结合理论知识和实践能力，设计出既契合自身又有思维创新的毕业课题。在实验中必定会出现许多新的问题，这也是探究性研究的特点，在出现问题时，不要恐惧，更不要后退，应根据所学知识，正确设计实验，研究分析，最终克服困难，解决问题，并学习到新的知识，强化实践能力，得到更好的锻炼。

（二）以项目为导向，设计毕业课题的研究目的和目标

1. 确立课题以后确定毕业课题的研究目标与内容　问题是由

实践目标决定的，是实践目标的进一步体现。首先要明确实践目标。本科生在设计毕业课题及实践目标的时候，同时也产生了与之相关的一系列问题，通过设计试验，研究分析，亲身实践解决问题，也就完成了研究目标。思维从问题开始，应培养问题意识和创新精神，双 PBL 毕业课题教学模式流程如图 1-7 所示。问题导向的实践研究，有利于促进学生多动手、多动脑，有利于培养学生的主动性和创造性，同时，也有利于培养学生的批判性思维，提高他们发现问题和分析问题的能力。

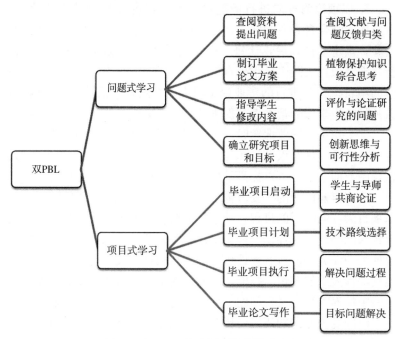

图 1-7 双 PBL 毕业课题教学模式流程

通过植物保护专业本科生毕业课题选题和研究生课题选题，以问题为导向，层层推进，分层设计。如设定了加强动手实践能力环节，融会贯通此前所学的各科知识，充分运用自身能力，并由此设计了相关的实验内容，动手学习，从而达到研究目标。相应调查统计结果表明，经过双 PBL 培养的学生的论文选题和毕业论文质量显著优于对照学生。

2. 以问题为导向，对毕业课题开展再论证和评价 以问题为导向，在设计课题完成后再进行研究论证与评价。

针对毕业设计中存在的问题，教师要进行思考并提出问题，指导学生进行毕业设计。在以问题为导向的探究性研究中，问题的出现是不可避免的，植物保护专业学生在设计毕业课题时，首先就会遇到一个问题，那就是如何设计科学的研究题目和技术路线，并得到合理的结果。

3. 以项目为导向进行问题的研究 研究如何设计毕业课题，以及如何结合自身所学知识，在导师的指导下设计出可实施性强的实验。确定项目以后，让每个或每组学生针对该项目进行需求分析，围绕项目实践引导学生自主学习。以项目为导向，通过一个完整的项目工作而进行的毕业论文研究是实践教学活动的重要内容。教师是学生学习的帮助者、促进者。

学生在设计毕业课题时，可以先根据自己感兴趣的、擅长的内容选择课题。这归根结底也是自我学习的一种，从自己感兴趣的、擅长的方面入手，可以提高学生的学习兴趣，使学习更加有效。

确定毕业课题的主要方向后，就需要以问题为导向进行研究。以项目为导向学习的过程，即学生根据项目要求及项目学习的一般流程共同制订项目计划、搜集整理相关资源、在课题小组协作中完成项目的任务并进行有效评价。学生在项目实践的过程中，理解和运用课程要求的知识、技能，体验小组中成员协同工作的乐趣，在实践中培养本科生发现问题、分析问题、解决问题的创新能力。

以问题为导向的研究与传统方法相比，具有更强的针对性，学习更加积极，本科生通过以问题为导向，确定问题所在，进行针对性研究，加强本科生的动手能力、实践能力，使学生将理论知识和实践结合起来，增强学习能力。

试验过程中必然会出现问题。问题的出现是不可避免的，我们能做的就是使用有效的方法解决问题。以问题为导向的研究是更加有目的性地进行学习研究，分析研究更有方向性，效率更高，效果更好，能使学生将学习到的知识与实践相结合，加强学生将理论与实践相结合的能力。

（三）毕业课题教学改革探索讨论

学生基于自己的毕业课题和毕业论文（设计）提出问题，以问题为导向进行学习，然后设计试验，给出一个可行项目内容，这是第一阶段。导师根据内容设计一个与此相关的项目，指导学生进行植物保护专业知识相关的科学研究，即基于项目的学习，这是第二阶段。两种方法有机结合，形成闭环，就是双 PBL，它能综合两种方法的优点，创新"教"与"学"方法。经过双 PBL 训练的学生，其论文选题和毕业论文质量显著优于对照学生。

一个面向问题的毕业设计要求学生在生产中找到问题，用他们所学到的知识来解决问题，更切合实际，学生可以从中学到很多无法从书本上学到的知识。这样，加强了教师的责任感和毕业生的自我意识，使毕业设计与生产密切相关，明显提高了毕业课题设计的质量，实现教学相互作用，相互促进。以问题为导向的研究，改变了传统的研究方式，使学生的毕业课题更加与实践贴合，锻炼了学生的实践能力，提高了毕业课题的质量，为学生今后的工作打下坚实的基础。

毕业论文课题设计是检验教学质量的一个重要环节，是人才培养的重要组成部分，也是理论与实践相结合的必要阶段。在毕业论文题目设计与构建过程中，可以检验学生对课堂教学中知识的综合应用能力，是培养学生分析问题、解决实际问题和科研的能力最为重要的阶段之一，是对学生的核心专业知识综合利用能力及实践能力的全面检验。双 PBL 教学模式就是教学研究中方法论研究内容之一。

国内外一些高等院校开展了以问题为导向的教学，并进行了相关研究。客观上讲，很多人认为国外大学能实行这种教学的主要原因是学生人数少，易于进行等。近年来，国内很多大学也进行了相关探索，但以往的同类型研究很多是单一 PBL 的。本项研究是对两者的综合与有机结合，是组合式创新。双 PBL 在毕业论文写作实践中取得了较好的效果，有效地解决了以往毕业生选题中存在的一些问题，改变了传统的教学思维方法，最终提高了毕业生的创新意识和能力。

第六节　从导学导研角度培养研究生创新能力

导学导研对研究生的创造性、创新能力的培养十分重要。

一、导学导研与创新、创造

（一）创新与创造的含义

创新是以新思维、新发明和新描述为特征的一种概念化过程。它起源于拉丁语，原意有三层含义：更新，创造新的东西，改变。创新是指在前人或他人已经发现或发明的成果的基础上，能够做出新的发现、提出新的见解、开拓新的领域、解决新的问题、进行新的运用、创造新的事物。英国国家咨询委员会把创新定义为有很强趣味性的学习模式，包括通过试验、探索、批判性评估和测试，并努力去掉过去的不足，重新学习并提高自我。

创造性是一种创造产品的能力，而这种产品应是新颖独创的、预想不到的、不超出现有条件限制的并且是有用的。一般认为，创造性是指个体产生新奇独特的、有社会价值的产品的能力或特性，故也称为创造力。创造力包括 5 个重要能力：敏觉力、变通力、独创力、精进力和流畅力。从创造力的分类也可以看出，创造力是多种多样的，其表现形式也各不相同。创造性与创新性可以参考有关方面的专著进行学习。

（二）创造力的分类

创造力是人类特有的一种综合性本领。创造力是指产生新思想、发现和创造新事物的能力。目前的研究大体将创造性分为两类：大创造性和小创造性。大创造性指的是卓越、杰出人士的创造性。

根据创造积累的时间长度、所运用知识的深度，大致可以将创造性分成两类。一类是原创性成果、重大发明中所包含的创造性。这些创造不是一朝一夕就可以实现的，而是需要经过长时间的积累，甚至几代人的努力，所谓"十年磨一剑"就是这个道理。这些创造需要一批科学工作者经过漫长的、前赴后继的科学攀登，在攻克一系列理论或实际的难题后才能获得。例如，载人宇宙飞船的研制和发射、优质杂交水稻品种的培育和推广、概率论中的中心极限定理、哥德巴赫猜想的证明等，许多长期的国家重大科技攻关项目也属于这个范畴。另一类创造性种类繁多、情况各异，但也有共同的特点，就是可能一听就能够明白，不听就想不到，采用后作用重大。这些创造性与前一类创造性的差别在于：它不需要特别高深的理论和复杂的知识背景，一般当事人已经具备或只需要稍加补充即可从事这些活动，甚至道理浅显乃至近乎常识；它解决问题的过程也比较短暂，无须漫长的积累，甚至"立竿见影"；采用这些创造性后，对困难的问题就能"势如破竹，迎刃而解"，甚至"攻坚克难，如履平地"。

虽然上述两种创造性之间存在明显差别，但它们之间的联系却是相当紧密的。实际上，第一种创造性的基础就是第二种创造性，第二种创造性经过长期大量的积累可能升华为第一种创造性；反过来，第一种创造性中蕴涵了大量的第二种创造性，第一种创造性的产生也会大大刺激第二种创造性的涌现。因此，研究生教学改革将培养研究生创新能力作为主攻方向是切实可行的，而导学导研活动有利于培养研究生的第二种创造性，从而增强研究生从事科学研究的自信心，提高研究生解决实际问题的能力，所以值得重视。

（三）培养学生创新与创造性的重要性

1. 个人与社会和谐发展的需要　创造性即创造力。科技的发展需要培养大批创造型人才，这是社会发展的总趋势。创造性素质是个人得以终身发展的保证，而只有终身发展的人，才能推动社会的持续发展，导学导研的目的也是如此。

2. 学生整体人格和谐发展的需要　人格即一个人的整体精神

面貌，决定一个人的行为方式和行为指向。本科生、研究生大多数是成年人，具有个性思维能力，有自己的主见和追求，有求知、创造的需要，这是人格发展的必需。无视研究生这种发展需求，则很容易使研究生的想象和创造被抑制或弱化，形成人格障碍和人格分裂。

导师对研究生的创造力有关键性的影响。研究生的创造力需要从细微处精心诱发。导师的态度直接关系到研究生是否能走向创造性发展的方向。一般来说，创造型研究生采取民主型的培养方法，对研究生引导而不包办、鼓励而不强制、培养自立而不放任自流。但是，由于导师的职责是要培养研究生，所以对于培养研究生创造力的问题，容易出现很多不当的态度和做法。最常见的就是在导师的保护下，研究生失去了发挥创造力的机会。创造思维不同于一般思维之处在于有创造想象成分的参与，导师对其要积极地诱导。

3. 培养高层次拔尖创新人才必不可少的一个措施 培养和提高创新思维能力，有助于培养更多高层次拔尖人才，促进人才强国战略和科技强国战略的全面实施。只有人才具备创新思维能力，才能够促进创新人才成为拔尖人才，拔尖人才成为高层次人才，高层次人才成为顶尖人才。

创新思维贯穿整个科学研究的过程，如果不具备创新思维能力，很可能就会后劲不足，最后可能被时代抛弃。

二、培养创造力的教学原则

（一）主体主导原则

尊重学生的主体地位，充分调动学生"为创造性而学"的积极性和主动性，同时教师要有"为创造性而教"的自觉性，发挥主导作用。这是培养学生创造力的前提。

（二）求异求优原则

引导学生从尽可能多的角度分析问题、解决问题，提出尽可能与众不同的新观念、新办法，并从"异"中求"优"。这是创造性教学的灵魂。

（三）启发探索原则

重视学生解决问题的思维过程和思维策略，不直接向学生提供现成的结论和解决问题的方法。要引导学生通过自己的探索，发现结论，探索解决问题的方法。

（四）实践操作原则

引导学生动脑、动手、动口，重视实践，在创造实践中学习创造技能，增长创造才干，发展创造兴趣，强化创造精神。

（五）民主和谐原则

尊重学生的人格，尊重学生的观点和思路，与学生平等对话，不搞"一言堂"。

（六）因材施教原则

了解学生的个性特点、兴趣爱好，为不同学生提供不同的学习帮助，注重发展学生的个性专长。

（七）成功激励原则

帮助学生实现创造成功，高度重视学生的每一个哪怕是极其微小的成功。用适当的方式启发学生认识自己的创造成功，发展他们的创造性成就动机和自我效能感等追求成功创造的心理品质。

（八）积极评价原则

努力发现学生的学习态度、方法、成果方面的创造性的闪光点，坚持表扬、鼓励。对不足之处甚至错误的地方，要采取宽容的态度。

（九）全体全面原则

坚信每个学生都有创造的潜能，坚持面向全体学生，尤其要满腔热忱地善待后进生。在教学目标上，不仅要注重创造性智能因素的培养，还要注重创造性人格和品质的培养，要促进全体学生德、智、体、美、劳全面发展。

（十）不悖伦理原则

在创造性教学过程中，要引导并鼓励学生天马行空、大胆求异，但要注意伦理道德要求。

三、从导学导研探讨创造性的具体内涵

从导学导研活动的学术视角探讨创造性的具体内涵，开设研究生课程和长期的实践活动。仅从纯学术视角分析、考察导学导研活动和相关的学术研究活动，导学导研活动中所需要、所培养的创造性大致可以归纳为以下几个方面。

（一）导学导研就是发现或提出有价值的问题

导学导研就是帮助受教育者如本科生、研究生形成敢于质疑、挑战权威、勇于猜测、标新立异、善于发现的态度。

世界上的许多事物是错综复杂的，没有经验的人遇到这类问题经常会感到无从下手，甚至不知道应该解决什么问题，不知道应该向什么方向努力，更不知道会有什么结果。所以，提出有价值的问题或新的理念是创造的前提，也是重要的创造性。

泰特姆从红色面包霉突变体出发进行遗传学研究，从而提出"一个基因一种酶"假说，发展了微生物遗传学、生化遗传学。再如数学方面的费马大定理、概率论的中心极限定理、天文学的宇宙大爆炸学说、化学的元素周期律等，都是因为猜测并提出有价值的问题而导致有关学科迅速发展。许多定理、定律、学说都是先有命题、假设、猜想，经过理论或实践的证明才最终成为定理、定律、学说。

爱因斯坦如果不敢质疑，就不会有相对论原理，这是因为几百年来一直占据统治地位的是牛顿运动定律。袁隆平如果不敢质疑"关于自花授粉水稻杂交无优势"的经典理论，就不会有杂交水稻，他冲破了这个科研的边界圈，经过多年不断探索研究，终于开发出被誉为"中国第五大发明"的杂交水稻，这一项发明惠泽世界人民，给世界带来福音。

创新性之所以被称为创新，就是因为此前从来没有人这么想过，没有人这么做过。要解决新问题特别是困难的问题，一定伴随着思想的突破与飞跃，且常会与主流观念发生激烈的冲突。如果不敢质疑权威，只会墨守成规，就不会有大胆的猜测，结果也就不会有质的变化。

在科学研究方面，猜测还必须和质疑紧密相连。在科学研究方面当然要猜测和预测。首先要有猜测的对象、猜测的目标、猜测的可能结果，因此必须先发现问题。人们处于大致相同的环境，接触基本相同的对象，接受大致相同的信息，甚至具备相同的学习经历，但多数人发现不了问题，更谈不上提出有价值的问题，少数善于观察、勤于动脑的人可以发现并提出值得思考的问题。

达尔文这个被宗教界称为怪物的科学家，冒着生命危险，大胆质疑上帝造人说。他认为地球上现存的物种都是由更古老的物种演变而来的。达尔文经过多年的实地考察证明了自己观点的正确性，并勇敢地发表出来，终于使人们从教会的谎言中走了出来，为后来生物学的发展做出了重大贡献。他的发现被马克思称作十九世纪三大发现之一。

正因为如此，研究生阶段创造性培养的重要内容之一就是让他们解放思想、突破束缚，敢于质疑、挑战权威，勇于猜测、标新立异，善于发现，提出新问题、新理念、新方法。这一点可能是我国研究生教育的薄弱环节。

（二）多维借鉴与解决问题

善于经常从多个不同的视角观察、考虑问题，思维活跃，精于发现不同事物的相似之处，长于借鉴、移植，往往就能另辟蹊径地解决问题。为什么对问题会有不同的看法、不同的结论，一般是由于看问题的角度不同，关注的重点不同。有与众不同的视角，注意到被其他人忽略的关键，就很有可能产生创新。为什么会有不同的做法、不同的途径，多数源于经历的不同、接受教育的不同、日常观察及考虑问题的方式不同。如果能够经常从表面上大不相同的事物中发现它们的共性，甚至相同的本质，就容易借鉴、移植其他学科的方法和结论，另辟蹊径地解决问题。这种创造相对而言比较容易实现。青藏铁路中以桥代路的方法创造性地解决了在高原活跃冻土带施工的世界性难题，就是由于另辟蹊径穿过冻土层直接在岩石上建桩，在桩上架桥，在桥上铺铁路，有效地避免冻土层对铁路路基的破坏。

在确定癌症基因标签的论文中，有研究生小组分别计算结肠癌样本和正常样本各个基因间的相似性，得到相似矩阵。分析这些基因点的联系，选择一个相似性的阈值来分别建立复杂网络图，这些图至少给人以耳目一新的感觉，对众多基因之间的复杂关系予以比较清晰地描述，直观地给出了正常人基因与癌症患者基因之间关系的变化，给研究工作者以更大的想象空间。借鉴常识、另辟蹊径往往能解决问题。

以上例子都生动地说明，对于不少问题，如果从与众不同的视角去观察、分析问题，洞察不同事物的相同或相近的本质，灵活自如地借鉴、移植，乃至另辟蹊径，往往会产生创造并解决新的问题。我们应该训练、鼓励研究生从多方面观察事物，思考问题。

具体问题具体分析，正确选择解决问题的突破口是一种重要的创新能力。即使再困难的问题也肯定有相对薄弱的部分，选择从这些地方攻关，就能更容易取得突破，推进解决问题的进程。科学研究如同打仗一样，能否恰当地选择突破口关系着研究的进展，甚至决定着研究的成败。待解决的问题千姿百态、千变万化，要善于分析实际问题的特点，才能从中寻找出薄弱环节予以突破，所以如何选择突破口具有很强的创造性。此外，也不是对每个问题突破口的选择都毫无规律可循，只是在很大程度上依赖经验的积累，依赖当事人对类似、有部分相同或相似问题的处理经历，依赖当事人对成功解决问题全过程的了解。总之，熟能生巧。那些没有被解决过的、比较困难的实际问题，在选择突破口方面，为研究生提供了极好的锻炼机会。

（三）确定科学的技术路线

善于把复杂的问题恰当地分解为一系列简单问题的串并联，以及制定合适的技术路线是科技人员必备的创造性。解决复杂问题绝不能一蹴而就，正如饭必须一口一口地吃，解决复杂的问题就好像攀登一座高山，要成功登上顶峰，一定要选择正确的登山路线，要在前进中保持逐段向上，不断前进直至登上峰顶。

同样，解决一个复杂的问题，一定要先制订一条合适的技术路线，要把技术上的整体跨度分解成若干个可达跨度，把一个复杂的问题恰当地分解为一系列简单的问题。由于每个子问题都比较简单，因而能够容易解决。当这些简单的子问题都解决了，复杂问题也就最终得到解决。

要制订正确的技术路线迫切需要创造性和敏锐的洞察力，应该不断用我们熟悉的事物去描述我们不熟悉的事物，应该不断用确定的内容去替换那些尚未确定的内容，我们应该不断以已经获得的结论为基础去扩大战果，要根据过去的经验去预测预期的成果和可能的结论，确定下一步的目标和步骤，直至问题完全解决。

要实现这个过程只能依赖实践的熏陶。由于导学导研题目有相当的难度，要完成相关课题一定要制订恰当的技术路线，因此制订合适的技术路线对培养研究生的创造性很有帮助。

（四）学科交叉是创造性的源泉

学科交叉是创造性的源泉之一，所以科研人员要能够将各学科知识融会贯通、灵活运用。实际问题和已经被抽象出来的理论问题之间最大的区别就在于它不会仅仅属于某一个学科，而是有许多具体的、各种各样的属性，它们的变化受到各种规律的支配。

即使用某个学科最先进的成果来分析复杂的实际问题，也仅仅是从一些侧面、某些角度来进行考察，仍然可能无法对错综复杂的现象做出全面、合理、本质的解释。因此要解决这类问题，学科交叉、知识融合是必不可少的。尤其在科学技术高度发达的今天，各学科之间相互渗透、相互融合已经相当普遍。由于学科交叉，一门学科的某个方面的突破带动其他学科进展的事例层出不穷，许多重大科技项目都因多学科联合攻关而取得成功，不少重大科技成果都是多学科共同协作的结晶。这有力地说明了学科交叉、知识融合是创造性的源泉之一。然而许多学生尽管学习过多门学科大量的科学知识，但在他们的脑海里，各门学科的知识之间并没有达到融会贯通，与实际问题中各学科的规律紧密耦合成一体是迥然不同的，这大大制约了研究生创造性的发挥。因此，做到各学科知识融会贯通往往就能够有新创造。

由于在自然界中一切小的规律都是受普遍规律支配的，而且不同的事物之间也不是截然不同的，经常发生的情况反而是不同事物之间存在的某种共性，不同的实际问题经常有相同的数学模型。因此，牢记并熟练掌握重要的普遍规律，适当扩大知识面，在学习其他学科知识时经常联系本学科的有关问题，注意借鉴，可能会有意想不到的收获。

（五）对知识深刻理解、灵活运用就能够产生创造性

书本上的知识与实际问题之间总存在一定的距离。一般情况下，书本特别是学术著作只介绍基本原理、基本方法，很少介绍如何应用知识解决具体的实际问题。即使介绍个别的具体应用事例，从使用角度看也很不全面。因此，如果人们对知识理解不深、认识不透，对知识的运用更加生疏，在接触不熟悉的问题时，就会想不到或者想不出办法把已经学习过的知识运用到实际问题中去。

在各门学科的知识形成过程中都必然包含着巨大的创造，但是，其中的创造性并不是简单地通过知识的传授就能被本科生、研究生所接受。显然，学习并全部理解牛顿所创立的微积分和牛顿三大运动定律，甚至学习并理解牛顿的全部学术著作也不能确保成为牛顿那样伟大的科学家。现实中经常发生的是知识形成过程中的创造性被淹没在"以其昏昏"、无法"使人昭昭"的平庸教学和被动的单纯接受中，以至于历史上重大的科技进步能够在培养本科生、研究生的创造性中发挥积极作用的并不多见。现在不少研究生教材都只有结果、结论，不介绍探究的过程，不少书籍是相互传抄，完全不见创造性、突破性的思考，要初学者不折不扣地领会其中的创新显然不太现实。

很多学术泰斗何以能够培养出"青出于蓝而胜于蓝"的学生？我们认为，不仅在于他们个人在学术上的成就，更与他们注重创造性的传承密不可分。"两弹一星"科技精英群体的师承效应就是有目共睹的事实。登上峰顶之前与登上顶峰时"会当凌绝顶，一览众

山小"，两者虽然在高度上相差很小，但境界却相差很大，我们认为这点与创造性的培养之间有相似之处。教师能否加上画龙点睛的一笔，导师指导临门一脚的工夫对人才的培养是十分关键的。所以我们认为在硕士研究生阶段甚至博士生阶段，教师的作用、教学的作用不是可有可无，而是在某些意义上更重要，只是方式、内容发生了变化。

创造性经常存在于从感性知识到理性知识的飞跃，从导学导研的角度看，推导和证明是其中的关键，可是往往多数研究生在学习过程中只关心结论，忽略了推导和证明，对证明中的创新理解不透，更谈不上掌握推导和证明的一般方法，使很多好的思路、结果无法上升为理论。知识中蕴藏着大量的创造性，学懂知识，并不代表理解其中的创造性，必须经过认识上的升华。

（六）洞察事物规律和抓本质

洞察事物规律和抓准问题的主要矛盾也属于创造性的范畴。众所周知，错综复杂的事物内部有许多矛盾，但在一定时期一定有一种矛盾是主要的，抓住这个主要矛盾，问题就迎刃而解。要能够最终彻底解决困难的问题，必须了解问题的本质，但问题的本质又往往被许多表面现象所掩盖，甚至为一些假象所包裹，要抓住问题的本质就必须撕开假象，透过表面现象去发现问题的本质。抓准主要矛盾、洞察其他人没有发现的规律就是创造性的体现。在抓准问题的主要矛盾和发现事物规律方面，行之有效的办法就是应该通过压缩问题的规模、降低问题的难度、固定一些原来可变的条件、暂不考虑一些影响结果的因素，构造出相对简单的情况，这样就容易发现问题的规律。通过简化、固定条件，增加复杂问题和简单问题之间的可比性，借用已经知道的简单问题的主要矛盾、客观规律，去猜测复杂问题的主要矛盾与客观规律。

（七）问题的多种表达方式包含创造性

错综复杂的问题有许多侧面，包含众多的现象，问题内部有许多元素，元素之间有复杂的关系，还不断地发生变化。特别是对新问题而言，准确、简洁、全面、严格和通俗地把问题表达出来，本身就是创造。做出比以往更简单、更直观或者更本质的表达都必须创造。因为准确、全面、严格地表达问题是解决问题的前提，简洁、直观、本质的表达是创造性思想的"温床"。

（八）大数据信息与凝练

善于捕捉信息、有效地综合利用信息是信息社会时代的基本创造性。进入信息化社会，数据量急剧膨胀，海量数据使人目不暇接。人们对数据已经近乎麻木，人脑好像已经无法再存储，信息筛选成为无法回避的重大问题。虽然在统计数据以及数学模型的计算或仿真结果中蕴藏着大量有价值的信息，但拥有同样的数据、同样的结果，对不同的人却起着完全不同的作用。因此，善于捕捉隐藏在海量数据中的重要信息，有效地利用数据就需要创造性。防止重要、宝贵的信息从手中不经意地滑走是科技工作者十分重要的品质。

（九）对结果的分析与挖掘创新

实际问题的数学模型建立之后，将实际的数据代入或者进行仿真之后就会有一批数据输出。这些结果中包含大量有价值的信息，也蕴藏着事物的变化规律，刻画了问题的本质。这批导学导研的成果能否充分地被消化吸收对实现导学导研的最终目的有举足轻重的影响。所以必须加强对结果的分析、挖掘，最大限度地发挥导学导研的功能。同时，在建立数学模型时都是有假设的，有的是为了简化问题，有的是开始时考虑得不太周到。

四、创造性培养工作的特点

为了做好研究生的创造性培养工作，我们应该掌握创造性培养工作的特性，并按照客观规律办事，才能收到良好的效果。本科生、研究生是创造性培养的主体，他们的状态直接影响着创造性培养的效果。

（一）有没有培养创造性意识

对本科生、研究生而言，能否有意识地进行创造性培养对培养效果有很大的影响。因为创造性培养主要实施于学习课程、完成项目、撰写论文的同时及后来的反复思考、反复实践阶段。如果不注意有意识地培养创造性，认为培养创造性可有可无，甚至放弃这个更重要的任务，就会丢弃或弱化反复思考、反复实践的教学内容，甚至会拒绝收获、排斥已经发现的创造性，人才培养的效果因而大受影响。

创造存在于常见的事物和常见的现象之中，如果不能有意识地进行创造性培养，很可能会习以为常、司空见惯、熟视无睹。但如果有意识地进行创造性培养，可能会使学生从不同的视角看问题，并感悟出其中的创造性。

（二）有没有培养创造性的自信心

因为创造性培养经常与质疑联系在一起，经常和具有挑战性的困难问题同在，如果本科生、研究生缺乏足够的自信心，就容易知难而退，也就不可能通过成功地挑战、研究这类问题培养出创造性。即使是挑战失败了或所提出的质疑是错误的，但由于质疑和探索的过程，加深了对问题的理解，学生也能够体会到自己本来没有意识到的创造性。不敢进行挑战，对困难的问题敬而远之，就无法产生创造性。所以有没有创造性方面的自信心决定着后面的过程，当然影响培养的效果。

由于对创造性的研究不够，过去创造性被不适当地人为拔高，使得不少人听到创造性就望而生畏。由于传统观念的影响，我国的研究生和其他国家的研究生相比，比较倾向于相信权威、相信书本、相信老师，这在无形之中降低了他们的自信心，在遇到新的困难问题时这种情况往往比较突出。不少研究生表现出缺乏解决实际难题的勇气和自信心，这是很值得重视的问题。我们既应该用大量事实宣传创造性的巨大作用，让研究生意识到培养创造性的重要，同时又应该用许多生动的事例说明创造性就在我们身边，它既不神秘，又并非高不可攀。这些事例既可以来自专家权威，又同样发生在我们之中。我们更应该让研究生亲身经历发挥创造性成功解决实际问题的过程，以增强其自信心，要鼓励他们大胆质疑，支持他们独立思考。

（三）竞争是创造性培养的动力

有意识地培养学生的创造性和创造性方面的自信心是创造性培养的内在要求。

如同学习知识、进行科学研究一样，外界环境、外部压力是创造性培养的重要外因。因为再自觉的人也会有惰性，办事的效率也会有起伏，适当的外部压力会增加人的动力；创造性的萌发也经常需要达到一定的阈值，优良的外界环境有助于实现这一点。原来基本情况相同的两个人由于偶然的原因走向了不同的环境而影响人生道路的事例说明，外界环境对人才的成长、创造性的培养关系极大。

成语"急中生智"就充分说明了外部压力经常对创造性的突然升华起着关键作用。紧急的形势、挑战性的课题常常会迫使人的头脑高速地运转起来，大脑的潜能得到充分发挥、思维处于最活跃的状态，因此突发奇想成为可能。竞争的环境，尤其是激烈的竞争、重大而紧迫的任务等也是创造性培养非常有利的环境，有力地说明充分的竞争是创造性培养的重要动力。

充满活力的学术团队和充分而有效的交流也是创造性培养的很重要的外部环境，许多同志都有经过学术交流、学术思想的激烈碰撞而收获颇丰甚至解决了长期未能破解的重大问题的体会，这有力地说明了有效的学术交流对创造性培养的巨大作用。从导学导研角度看，很多导师都有举办读书班、研讨班，许多课题组会把经常讨论项目进展、交流研究情况作为制度固定下来，这都说明了相互帮助、相互交流有利于解决困难问题。

所以，经常进行学术交流是创造性的源泉之一，可以有意识地组织安排一些大型的学术活动，和谐的学术团队、民主的学术氛围是创造性培养的理想环境。让学生多参加一些学术交流活动，让他们了解交叉学科、边缘学科和新兴学科的发展以及相关学科发展的前沿动态，也可以改善学生创造性培养的环境。

（四）毅力对创造性培养的作用

本科生、研究生是否具有百折不挠、坚韧不拔的毅力去面对所遇到的困难，对培养创造性也有举足轻重的影响。所以培养研究生对科学研究事业浓厚的兴趣、执着的追求、知难而上的勇气，有利于他们的创造性培养。

在激烈的竞赛中，有的题目具有强烈的挑战性，顽强拼搏、连续战斗、共同解决问题，对培养顽强的毅力是很好的锻炼。实际上，越是困难的问题，越是有挑战性的过程，只要挑战者能够坚持到底，就越能培养本科生、研究生的顽强毅力，越有利于创造性的培养。

（五）知识面的深度与广度

创造性有一部分来自交叉学科。从创造性思想到最终将困难的实际问题成功解决必须经过一系列的缜密的分析和学术上的推断，还经常需要学科专业知识的配合及解决其他的相关问题，所以需要学生有一定的专业基本功。而且许多创造性必须依赖当事人能够站在全局的高度，对整个问题的结构有全面的了解才会萌发。因此，如果本科生、研究生的知识面和所具有的学术高度不够，则有些创造性就无法产生。创造性的萌发不与知识面或学术高度成正比，而是需要一定的阈值，差一点就无法迸发出创造性。所以在学生培养中必须保证他们具有宽泛的学术基础，尽力提高他们的学术水平。

（六）创造性培养必要的载体

关于创造性虽然有创造学，但讲解创造学并不能培养出创造性，只有通过合适的知识载体才能使学生的创造性得到升华。所以我们绝不能够、也不应该脱离知识的传授和具体的科学研究孤立地进行创造性培养，必须为创造性培养精心选择合适的知识载体。适合创造性培养的知识载体应该符合以下条件。

1. 蕴涵丰富创造性的知识内容 虽然从知识的系统性、连贯性来看，许多知识内容都是必不可少的，但这些内容也并不都是培养创造性的合适载体。虽然这些知识内容有一些技巧，但并不是根本性的。教学在这些地方下功夫充其量只能起巩固理解、提高熟练程度的作用，甚至是浪费时间。相反，我们必须选择那些可以从多个视角看待、可以有多种不同的考虑、可以提出众多差别很大的解决方案、需要反复认真思考才能找出规律、特别有探索性挑战性的实际问题作为培养研究生创造性的载体。

导学导研问题，既是极其重要的实际问题，又具有学术前沿性，特别是可以从多个不同的角度考虑问题，能为学生提供很好的锻炼机会，是培养我国未来科技领军人才难得的训练平台。非常可惜的是这种经典案例十分稀缺。由于这类素材并不是唾手可得的，因此我们应该在日常教学、科研中十分注意这些知识内容的积累，尤其对那些特别生动、富含创造性、被反复琢磨、取得突破、已经形成经典、经实践证明对创造性培养确有显著效果的内容。

2. 有独特视角或有作者亲身经历　这种书籍在现在教材和专业书中很多，但其中不少仅仅是传抄而已，并无什么鲜明、独特的观念。更多的教材为了节省篇幅，只从一种角度考虑问题，只介绍一种方法，只有一个结果，甚至只介绍结论，对解决问题的思路和过程丝毫不加以说明。有的教材按部就班，循序渐进，但不是按解决问题的本来过程，而是按证明的路线来说明问题，虽然接受起来似乎容易，但读者完全不知道解决问题的漫长而曲折的过程，就好比总是"喂已经嚼烂了的饭"，长此以往人肯定会丧失消化功能。这样的书对于知识的传授可能有一定的价值，但对于培养创造性却作用有限。许多的论文也完全是成功的记录，确实能够让人相信结论是完全正确的，但由于完全没有探索的过程，完全掩盖了研究的曲折，丝毫没有留下创造者艰辛攀登的痕迹，使后来者无法重复相同的历程，无法体会创造者的思考。所以，这种书作为知识的记录是完全正确的，但作为创造性传承的载体显得不足。反之，有的内容虽然作为学术论文发表不一定合适，但对创造性培养却很有价值。

我们认为，各种书籍和论文的存在就说明它们有一定的合理性，但从培养创造性的角度考虑，现有的书籍还不够全面。为此我们建议至少每个学科出版一部对学科的发展进程、对各种学术思想、对问题的不同观点，甚至对历史上曾经出现过后来又消失的内容客观地加以介绍的书，作为教师和研究生的参考书。建议再出版一些由有关学科的权威专家主编的类似学科综述性质的书，把当前尚未解决的重大学术难题，重大的学术分歧以及非主流学派的观点如实地展现给公众，以利于人才的创造性培养。

我们认为很多学术泰斗之所以能够培养出"青出于蓝而胜于蓝"的学生，原因不仅在于他们在学术上的造诣，更在于他们重视创造性的传承。很可惜，这方面的文字记载并不多见。我们应该鼓励这些科学家把这方面的经验和生动的事例用文字表达出来，也期待教育工作者把自己多年来的心得体会作为创造性培养的成果流传下来，因为亲身经历的过程撰写的内容更真实，也更具感染力。

五、导学导研与创造性培养

尽管很多创造性是自学、自己思考、自身经历后得到的，但研究生求学期间所培养的创造性绝大多数与老师有联系。理解得再深一点、看得再透彻一些、站得再高一点、想得再多一点，所萌发的创造性就可能大不相同。老师过人的洞察力、独到而细腻的分析问题的方法、对问题本质的独特而深刻的理解、在研究生攻坚的僵持阶段能否给予有力的助推等，对人才的创造性培养是十分关键的。所以我们认为教师在学生的创造性培养上的指导作用应该加强。

（一）创新创造意识培养

教师应该十分重视创造性的传承，教师对创造性传承的重视程度也直接影响着学生的培养质量。因为有意识和无意识进行创造性的传承有很大的差别，教师虽然对其中的创造性是理解的，但是如果他不讲出来或者表达不清楚，或者不对学生进行这方面的要求和训练，则在培养学生的创造性方面还是难有成效。

要培养学生的创造性，教师应该不断给学生创造机会，要求学生进行科学的猜测，猜测有价值的规律，寻找有价值的课题，经常提出困难的问题并去寻找解决困难问题的突破口，要鼓励学生标新立异，要让学生参与科学研究、解决实际问题的全过程，要坚决支持学生制订、尝试新的技术路线并大胆借鉴其他学科的最新成果。同时在学生遇到挫折时给予坚定的支持与帮助。

导师要经常与学生进行学术交流，共同思考、探索，增加交流中的创造性培养的成分。导师还应该认真改进自己的表达方式，因为表达对授课、指导效果的影响非常显著。

（二）传授继承与创新

教育是培养创造性的驱动，创新能力是在学习前人知识和技能的基础上，提出创新和发明（发现）的能力。它标志着知识、技能的飞跃，是智力高度发展的表现。一个人在现有知识储备和智力水平下，对未知东西的探究、掌握和完善都可视为一种创新活动。人人都有创新的潜能。在教学过程中要留出足够的时间和空间令学生思考和活动；要善于用激励的语言鼓励学生大胆创新，培养学生的问题意识、探究精神和科学态度；要重视基础知识、基本技能的教学，并充分关注学生学习过程、情感态度和价值观的培养；使教育从传授继承已有知识为中心的传统教育转变为着重培养学生创新精神和创新能力的教育。

（三）学术探索与严格要求

科学研究是全人类的共同任务，科学高峰要经过数代科技工作者前赴后继地攀登。许多重大的科学进步都是科技团队优秀人才梯队联合攻关取得的。关键在于导师清醒地意识到培养学术接班人的极端重要性，能够自觉自愿、毫无保留、源源不断地把科学知识、科学方法和道德情操传授给学生，不遗余力地培育新人。否则就可能是学科带头人虽然才华很高、能力很强，却带不出优秀的团队。

创造性培养有一个特点，就是经常会与传统观念发生冲突，特别是创造性思想在萌芽阶段很容易受到压制而夭折。因此，导师能否充分实行学术民主、鼓励研究生大胆创新对学生创造性培养作用很大。当然，导师对学生也不能放任自流，要给予"友好的压力"，要根据学生成长的实际情况分配必须十分努力但又力所能及的任务，不断向学生提出新的、更高的要求，要不断根据最新研究成果为学生指明前进的方向。

（四）反复实践培养创造性

因为创造性肯定是不能不劳而获的，也不能脱离实际闭门造车，而且要因时、因事、因地制宜，强调具体问题具体分析。所以学生要培养创造性一定要经过自己的劳动，即主动思考和亲身实践，否则遇到实际问题仍然发挥不出创造性。例如，仅要求研究生培养选择"突破口"的创造性而不实践，并不能使学生学会寻找突破口，可见培养创造性不是光凭号召就可以实现的。多数创造性不是一次思考或一次运用就可以完全明白、完全掌握的，研究者的认识只能逐步深化，必须要经过长时间的反复思考、实践。加上具体问题千差万别，类似的经验也未必适应新情况，必须与之相适应地进行改变才行。所以，创造性培养必须经过多次实践。创造性培养和其他技能一样，也是熟能生巧，耕耘越多，收获就会越多，直至实现从量变到质变的飞跃，迈上新的台阶。学生管理部门的职责就是给学生更多的实践机会。

（五）融会贯通与灵活运用

创造性包括很多方面，如勇于猜测、敢于质疑、提出有价值的问题、善于借鉴与移植、能另辟蹊径，正确选择解决问题的突破口，善于把复杂的问题恰当地分解，各学科知识融会贯通、灵活运用，发现事物规律的洞察力等。因此如果经历科学研究的某个片段，当然对培养创造性是有利的，但很可能只是在某个侧面使学生的创造性得到提高，不可能全面培养学生的创造性。即使是参加重大、前沿研究项目的某些片段也仍然如此。所以，经历科学研究、解决实际问题的全过程在培养创造性方面有无可替代的作用，并且经历的全过程越多，收获就越大。经历科学研究、解决实际问题的全过程之间的差异越大，效果就会越明显。给学生创造多次经历内容各异的科学研究、解决实际问题的全过程，让每位导师都做到这一点是无法实现的。我们应该集中培养力量创造条件，使学生多次亲身经历科学研究、解决实际问题的全过程。

（六）学科交叉、相互渗透

创造性的一个很重要的内容就是各学科知识的融会贯通、灵活运用。实际问题和已经被抽象出来的理论之间最大的差别就是实际问题与各学科都有联系，受到各方面规律的共同支配，从单个学科考察都只能是片面的。彻底解决实际问题需要多学科交叉、知识融合。这也是当今科技既高度分化又高度综合以及各门学科相互渗透、相互融合的客观要求。学生只有具备多学科的知识，掌握更多的新技术、新进展，才能够充分借鉴相近领域的新成果和新方法，才能在能力结构、学术思想、科学思维上形成交叉复合效应，才会有更大的创造力，在专业领域内做出创造性的成果。

而在高校中，课程都强调系统性、连贯性，加上课时普遍比较紧张，教师往往对与本课程关系不密切的知识一概不讲。导师也有各自的研究方向，与学生的交流也基本上局限在本专业方向和与研究课题相关的内容。这样往往限制了学生的知识面，使他们很少能够在专业之外再有发展，故学科交叉的创造性成为学生的薄弱环节。让学生尤其是博士研究生参加或者接触重大科技攻关项目，组织学生参加大型多学科学术交流活动可望取得一定的效果，在校内鼓励学有余力的学生跨学科选课也是一个可行的办法。现在学生接触的范围太小，交流很不充分，应大力鼓励学生参加学术团体活动。目前类似导学导研竞赛的大型活动还很不够，学生培养中学科交叉、渗透、融合工作还有很长的路要走。

第二章 双 PBL 教学导学案例

第一节 薯类病害导学案例——爱尔兰大饥荒

一、爱尔兰大饥荒

在植物病理学史上，什么病害的发生和流行能毁灭一个国家，并使植物病理学诞生呢？这需要从历史上爱尔兰发生的大饥荒事件来讲。

马铃薯（*Solanum tuberosum*），一年生草本植物，株高可达100cm，地下形成块茎。丰富的淀粉含量使马铃薯成为仅次于玉米、小麦和大米的世界第四大粮食作物。马铃薯为茄科，属于开花植物家族，它与常见的番茄、茄子等 1 000 多种其他植物同为茄属。

爱尔兰大饥荒俗称马铃薯饥荒，是一场发生于 1845—1850 年的饥荒。在这 5 年的时间内，英国统治下的爱尔兰人口锐减了将近四分之一；除了饿死、病死者，也包括了约一百万因饥荒而移居海外的爱尔兰人。

造成饥荒的主要原因是一种称为致病疫霉（*Phytophthora infestans*）的卵菌造成马铃薯腐烂继而失收。马铃薯是当时爱尔兰人的主要粮食来源，这次灾害加上许多社会与经济因素造成了大范围的失收，严重打击了贫苦农民的生计。大饥荒对爱尔兰的社会、文化、人口都有深远的影响，许多历史学家把爱尔兰历史分为饥荒前、饥荒后两部分。在爱尔兰发生马铃薯饥荒时，英国仍从美洲进口大量粮食，其中一部分甚至经过爱尔兰的港口转运，但饥饿的爱尔兰人却买不起这些粮食，英国政府提供的协助也十分微薄，最终造成大量的爱尔兰人饿死。

马铃薯是 19 世纪爱尔兰人赖以维持生计的唯一农作物，而作为地主的英国人却只关心谷物和牲畜的出口。自然灾害以及政治压迫迫使人们揭竿而起，但最终失败。一百余万爱尔兰人死于饥荒的惨剧激起了爱尔兰人的民族意识，在它的指引下，爱尔兰自由邦于 1922 年建立。因上述事件可得知粮食作物生产十分重要，处理不当就可能发生饥荒。

可在薯类病害教学中应用爱尔兰大饥荒案例，薯类病害教学内容是学习马铃薯重大病害及发生现状，如晚疫病、早疫病、黑痣病、青枯病等，以及甘薯重大病害及发生现状，如甘薯黑斑病（黑疤病）、甘薯根腐病、甘薯茎线虫病、甘薯瘟、软腐病、病毒病等。教学目的是要求学生了解薯类作物常发病害和主要病害类别；重点掌握马铃薯晚疫病、甘薯黑斑病等病害的诊断、发生流行规律及综合防治措施。教学重点是马铃薯晚疫病、甘薯黑斑病发生流行规律及综合防治措施。教学难点是马铃薯晚疫病、甘薯黑斑病的病原生物学特性，马铃薯晚疫病的病害循环及发生流行规律。教学方法采用讲授法、案例法和讨论法相结合。教学手段主要有多媒体、板书等。线上资源参考中国马铃薯晚疫病监测预警系统（http：//www.china-blight.org/）。薯类病害导学见图 2-1。

二、马铃薯晚疫病

马铃薯晚疫病导学教学见图 2-2。

1. 分布、危害

晚疫病在我国各马铃薯种植区常年发生，尤其是湿度大、气候冷凉的地区，年均发生面积约 200 万公顷，一般年份减产 10%～30%，严重时可达 50%，个别地块甚至全田绝收。

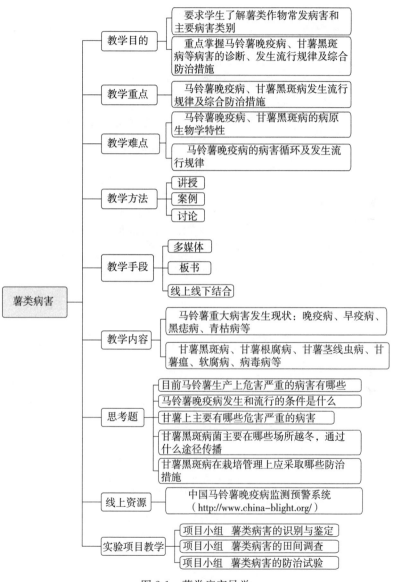

图 2-1　薯类病害导学

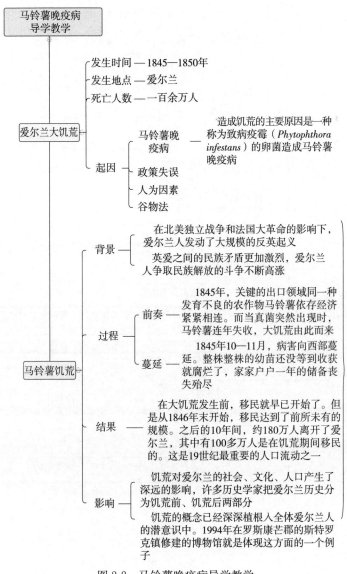

图 2-2　马铃薯晚疫病导学教学

2. 症状

（1）危害部位。主要危害叶、茎和块茎。

（2）主要识别特征。叶部病斑多从叶尖或叶缘开始，形成水渍状褪绿斑，后逐渐扩大为暗绿色病斑，边缘不明显。病斑可扩及半叶乃至全叶。湿度大时，叶片背面和茎秆病部边缘长出白霉。薯块受害，初期表面出现褐色或稍带紫色的小斑，后逐渐扩大为稍凹陷的大斑。病斑可由表皮延展深入内部薯肉，变红褐色。土壤黏重或湿度大时，易受杂菌侵染腐生，致使薯块腐烂。贮藏期间，病害在种薯间快速传播。（可参考各部位症状图片）

3. 病原物

（1）病原菌。病原菌为致病疫霉（*Phytophthora infestans*）。

（2）生物学特性及生理分化。实验观察病原形态特征。马铃薯晚疫病病原菌具有明显的生理分化现象，根据它的寄主专化性可分为许多生理小种，并具有对不同品种的致病力。

（3）寄主范围。狭窄，能侵染包括马铃薯、番茄在内的50多种茄属（*Solanum*）植物。

4. 病害循环 病原菌主要以菌丝体形式在带病薯块中越冬，有性生殖产生的卵孢子可在薯块上、植物残体上或土壤中越冬，它们可成为翌年入侵植株的主要病原。孢子囊产生芽管而直接萌发，从气孔或表皮入侵寄主，芽管形成附着胞，然后形成侵入钉。远距离传播途径主要是人为调运带有病原菌的薯块，短距离传播主要是风、雨水等将病原菌带到其他植株上或土壤中。马铃薯晚疫病属于多侵染循环性流行病害，该病潜伏期短、暴发性强、流行速度快，温湿度适宜时，4～7d可完成1次侵染，1个生长季节内存在多次再侵染。

5. 流行因素

（1）气象条件。多雨年份容易流行成灾，湿度是主要影响因素。

（2）栽培条件。地势低洼、排水不畅、植株过密时，郁闭闷湿，导致小气候湿度增加，易诱发此病。偏施氮肥，植株徒长，或土壤缺肥营养不良，生长衰弱，植株的抗性降低，易感病。

（3）寄主抗病性。寄主抗病性差易染病。

6. 病害控制

（1）选用抗病品种。

（2）加强检验检疫，防止病害蔓延。

（3）药剂防治。用代森锰锌、百菌清、氟吡菌胺·霜霉威盐等防治病害。

思考题

1. 目前马铃薯生产中危害严重的病害有哪些？

2. 马铃薯晚疫病发生和流行的条件是什么？

3. 怎样防治马铃薯晚疫病？

4. 如何用高灵敏性 PCR 检测技术检测马铃薯晚疫病？

深度思考题

1. 为什么要实施国家粮食安全战略，守住管好天下粮仓？

2. 如何全面实施国家粮食安全战略？

3. 近代中国的粮食危机有哪些？

4. 为什么说袁隆平伟大？

5. 粮食安全（或食物安全）概念是什么？

6. 植物病害的发生与国家粮食安全是否有关？

7.《农作物病虫害防治条例》中，什么是一类农作物病虫害？什么是二类农作物病虫害？什么是三类农作物病虫害？

三、甘薯黑斑病

1. 危害 黑斑病不但在大田危害，而且导致苗床期烂苗、储藏期烂窖。

2. 症状 甘薯黑斑病在甘薯育苗期、大田生长期和收获贮藏期均能引起发病。主要危害薯苗和薯块，地上绿色部分很少发病。贮藏期病斑多发生在伤口和根眼上，呈圆形、椭圆形或形状不规则的膏药状，稍凹陷，常大片包围整个薯块，使薯块腐烂，甚至造成烂窖。潮湿时，病斑表面常产生灰色霉层（分生孢子及厚垣孢子）和黑色刺毛状物（子囊壳），在刺毛状物顶端附近还有白色蜡状小点（子囊孢子）。

3. 病原物

（1）病原菌。甘薯长喙壳（*Ceratocystis fimbriata*），属真菌界子囊菌门长喙壳属。

（2）生物学特性。病菌最适生存温度为 25～30℃；病菌致死温度为 51～53℃。病菌自然寄主主要为甘薯，人工接种能侵染月光花、牵牛花、绿豆、大豆、橡胶树、椰子等植物。

4. 病害循环

（1）病菌以厚垣孢子、子囊孢子和菌丝体在病薯块或土壤和粪肥中的病残体中越冬，成为翌年发病的主要侵染源。病害可通过种薯或种苗调运而远距离传播。病菌主要从伤口（虫伤、鼠伤、机械伤）侵入，也可从薯块上芽眼、皮孔、根眼侵入。病部产生的分生孢子和子囊孢子又可通过雨水、流水、农具和昆虫等进行多次再侵染。

（2）大田土壤带菌传病率较低。病菌由薯蔓蔓延到新结薯块上，形成病薯和带菌薯块。

（3）甘薯收获和贮藏过程中，农事操作、农机具、鼠兽害、地下害虫、种薯接触等又会造成病菌的传播和潜伏侵染，使春季出窖病薯率明显增加。

5. 流行因素 主要有品种抗病性，伤口，温湿度。

6. 病害控制 防治甘薯黑斑病必须实行"预防为主、综合防治"的植保方针。

（1）严禁病薯、病苗调运。

（2）选用无病种薯。

（3）培育无病壮苗。

（4）搞好耕作栽培管理。

（5）安全贮藏。

（6）选用抗病品种。

（7）生物防治。

四、薯类病害扩展学习

实验教学环节以项目为导向进行教学。观察马铃薯环腐病、马铃薯早疫病、马铃薯疮痂病、马铃薯黑胫病、马铃薯黑痣病、马铃薯粉痂病、甘薯茎线虫病、甘薯病毒病、甘薯软腐病、甘薯根腐病等症状图片，识别薯类病害，实验室中以项目小组为单位进行鉴定，并进行结果评价。

思考题

1. 甘薯黑斑病如何防治？

2. 联系实际，因地制宜地制订甘薯黑斑病的综合防治措施。

第二节　土传病害导学案例——自然衰退现象

一、全蚀病自然衰退

小麦全蚀病是一种典型的根部病害，是小麦生产中的毁灭性病害，能引起植株成簇或大片枯死，降低有效穗数、穗粒数及千粒重，造成严重的产量损失。小麦全蚀病是迄今为止明显产生自然衰退的病害。全蚀病自然衰退（take-all decline，TAD）即全蚀病田连作小麦或大麦，当病害发展到高峰后，在不采取任何防治措施的情况下，病害自然减少的现象。国内外均发现了全蚀病的自然衰退现象。20 世纪 70 年代中后期，小麦全蚀病发生严重的山东烟台地区、甘肃武威地区均出现大面积的病害自然衰退。小麦全蚀病产生自然衰退的先决条件有两个，一是连作，二是危害达到高峰，二者缺一不可。病害达到高峰的标志是白穗率在 60% 以上，且病田出现明显矮化早死中心。经研究调查发现，小麦连作区全蚀病从田间零星发病到全田块严重危害一般需要 3～4 年；若土壤肥力高则病害发展缓慢，一般需 6～7 年达到高峰。严重危害持续 1～3 年，此后病害趋于下降稳定。如果在病害高峰出现后中断感病寄主连作或进行土壤消毒，那么 TAD 就不会出现。国际上研究表明主要有四种学术假说解释病害衰退的原因，如图 2-3。自然衰退案例——小麦全蚀病导图导学教学如图 2-4 所示。

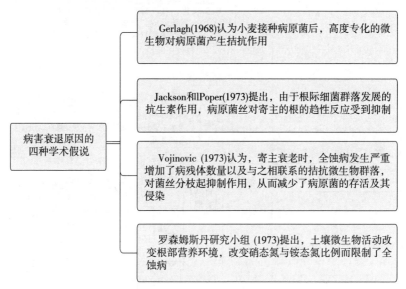

病害衰退原因的四种学术假说

Gerlagh(1968)认为小麦接种病原菌后，高度专化的微生物对病原菌产生拮抗作用

Jackson 和 lPoper(1973)提出，由于根际细菌群落发展的抗生素作用，病原菌丝对寄主的根的趋性反应受到抑制

Vojinovic (1973)认为，寄主衰老时，全蚀病发生严重增加了病残体数量以及与之相联系的拮抗微生物群落，对菌丝分枝起抑制作用，从而减少了病原菌的存活及其侵染

罗森姆斯丹研究小组 (1973)提出，土壤微生物活动改变根部营养环境，改变硝态氮与铵态氮比例而限制了全蚀病

图 2-3　解释病害衰退原因的四种学术假说

通常在连续种植感病禾谷作物时，全蚀病在最初几季（3～5年）作物上增长到数量和严重发生的顶峰，随后逐渐衰退，降低到经济上可以接受的稳定水平，这种现象即全蚀病自然衰退。使病菌受到抑制、病害衰退的原因如前所述，有四种学术解释。除了该病外，在其他病害如大豆胞囊线虫病中也有类似病害衰退现象。

二、大豆连作后大豆胞囊线虫病的自然衰退现象

1. 大豆胞囊线虫病能够出现自然衰退现象　大豆胞囊线虫病，是由大豆胞囊线虫（*Heterodera glycines* Ichinohe）侵染引起的，是危害世界大豆［*Glycine max*（L.）Merr.］生产最严重的病害之一。其特点是分布广、危害重、寄主范围宽、传播途径多、休眠

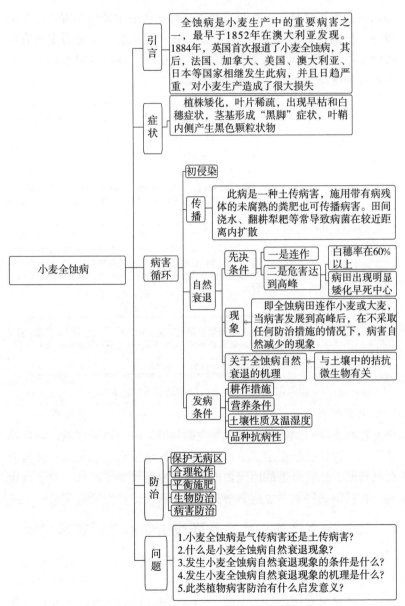

图 2-4 自然衰退案例——小麦全蚀病导学教学

体（胞囊）存活时间长，是一种极难防治的土传病害。该病在我国东北和黄淮海大豆产区发生较普遍，一般可使大豆减产 5％～10％，严重的可达 30％以上甚至绝产。该病目前是世界各大豆生产国大豆生产的主要障碍，因此，该病的研究一直颇受重视。

Hartwig（1981）在美国做研究时发现，大豆胞囊线虫能够出现自然衰退现象，即大豆感病品种连续种植 5 年以上时，土壤中大豆胞囊线虫数量会产生显著降低的趋势，且在原来发病严重土壤中，大豆胞囊线虫病症状突然消失或大大减轻。

发生大豆胞囊线虫自然衰退现象的土壤也可称为大豆胞囊线虫抑制性土壤。

大豆 2 年连作情况下，在大豆盛花期、鼓粒盛期和成熟期，土壤中饱满胞囊密度均显著高于大豆 23 年连作和轮作，大豆经过长期连作后形成抑制性土壤，导致了土壤中饱满胞囊密度改变。

在大豆连作土壤中发现了专性寄生细菌——巴氏杆菌、食线虫真菌等生防菌，其作为大豆胞囊线虫的天敌资源，对大豆胞囊线虫生物防治研究具有十分重要的意义。

大豆连作超过 6 年以上，病虫害减少，产量恢复，产生了病虫害自然衰退的现象。研究自然衰退的形成机制，有利于更好地理解连作障碍机理，对探索消除连作障碍因素的管理措施具有重要的理论和实践意义。

2. 自然衰退现象的可能机制

（1）自毒作用。植物的自毒作用是指植物通过淋溶、根分泌物和植物残体的分解向环境释放一些次生代谢物质，对同茬或下茬同种植物产生不利的效应，这种现象被称为自毒作用（autotoxicity）。研究表明，大豆植株地上部分水溶液或残存腐解物中包含着大量的酸类物质，对大豆发芽率和幼苗生长具有明显的抑制作用。另外，大豆连作能增加自毒物质的种类和数量。重茬大豆土壤中对羟基苯甲酸、对羟基苯乙酸和香草酸的含量往往高于正茬土壤。对羟基苯甲酸对大豆幼苗生长发育具有一定的抑制效应，而对羟基苯乙酸能显著减少大豆侧根数和主根长。异黄酮类物质是大豆重要的次生代谢产物，也是重要的自毒物质。大豆植株及其残茬腐解液中含有染料木素、黄豆苷元和香豆雌酚三种异黄酮物质。

（2）大豆连作的营养理论。大豆连作使土壤中特定养分过度消耗，造成土壤养分偏耗，导致大豆对这种关键营养元素的吸收减少，从而降低产量甚至失去种植大豆的可能性，即所谓的土壤衰竭。大豆连作既能引起土壤中大量元素含量及有效性发生变化，又能导致多种微量元素含量发生变化。研究发现，不同连作年限的根际土壤中氮、磷、钾、镁、锌、硼、钼和有机质的含量都明显低于对照，但对铁、锰含量没有影响。另外，连作土壤中根际 pH 随连作年限增加呈下降趋势，在酸性条件下，根系对钼的吸收量会降低。大豆对钾的需求量比较大，大豆连作会引起土壤钾的亏缺，进而抑制大豆的光合作用，增加根冠比。连作也能导致土壤中磷亏缺，特别是速效磷亏缺严重。根据土壤衰竭理论，大豆的生长状况和产量应该随着大豆种植年限的增加而越来越差，甚至不能种植。可是，在实际的田间观测中，大豆在经过严重的减产后，产量会逐渐恢复。因此，土壤衰竭的理论存在局限性，无法清楚地解释试验后期大豆生长转好的现象。

（3）大豆连作的生物障碍理论。一个稳定具有活力的土壤微生物群落对农业生态系统至关重要。微生物通常影响着土壤肥力及土壤物理和化学性质，土壤反过来影响植物生长发育。同时，微生物群落对稳定土壤结构也起到关键作用。例如，丛枝菌根真菌（AMF）共生体的存在能促进土壤团聚体的形成，有助于团聚体的稳定，土壤总孔隙度和渗透势都有所改善。因此，不同的土壤微生物群落特性被认为是土壤质量和产量的指示性指标。许多研究表明，禾谷镰孢（*Fusarium graminearum* Schwabe）、尖镰孢（*Fusarium oxysporum*）和立枯丝核菌（*Rhizoctonia solani*）等病原菌能引起大豆根腐病。大豆连作会导致土壤微生物群落的变化。连作对细菌和固氮菌具有抑制作用，而对真菌有促进作用，导致土壤微生物区系从高肥的"细菌型"向低肥的"真菌型"转化。

大豆连作虽然不能引起氨氧化细菌群落的变化，但氨氧化菌的数量却减少了一个数量级，说明连作土壤氮的转化能力减弱。这些结果说明，大豆连作导致土壤环境恶化，有益菌数量减少，病原菌数量增加是导致大豆连作的生物学障碍原因。

此处，线虫也是引起作物连作障碍的重要因素之一。连作导致胞囊线虫增加，大豆根部病害发生普遍，一般产量损失达 10%，严重时可达 30%甚至绝产。研究发现，在 5～6 年的连作期内，随着种植年限的增加，胞囊线虫的数量逐渐增加，连作超过 6 年后，其数量出现下降的趋势。当大豆感染胞囊线虫后，大豆植株的生长发育受到抑制，根系产生的结瘤信息物质异黄酮含量增加，根瘤数虽然相应地增加，但固氮酶活性下降，同时根瘤输送固氮过程所需的碳和其他能源物质受到影响，根瘤体积变小，固氮功能受到抑制。大豆胞囊线虫也能抑制根瘤菌与大豆的相互识别。

理解线虫群落对植物生长发育的影响除了需要鉴定特定的种群外，还需要研究种群间的相互作用。自由活动的线虫由食细菌线虫、食真菌线虫和捕食线虫组成。这些自由活动的线虫对能影响其他有机体的土壤养分有直接或间接的影响。它们通过调节分解和养分的矿化影响着植物的生长和其他土壤微生物的活性。自由活动的线虫通常增加了植物生长，增加植物氮的吸收，减少或增加细菌种群，增加氮和磷的矿化，并增加底物利用。理解连作障碍和疾病自然衰退过程，就需要理解土壤微生物群落成分，包括种群间的相互作用。与轮作相比，在大豆连作的土壤里，线虫优势属螺旋线虫和其他优势营养类群如食细菌线虫的相对丰度较低，但大豆胞囊线虫的相对丰度却增加，连作使植物寄生线虫增加，产生病害，这是造成连作障碍的原因。

思考题

1. 小麦全蚀病的侵染循环是怎样的？
2. 关于全蚀病自然衰退的原因，为什么会有不同的假说？
3. 如何利用自然衰退现象来防治病害？
4. 为什么大豆胞囊线虫病是一种极难防治的土传病害？

第三节　检疫性有害生物导学案例——葡萄根瘤蚜

检疫性有害生物导学案例选择葡萄根瘤蚜是因为至今仍无法完全消除它，同时葡萄根瘤蚜还是世界上第一个检疫性有害生物，由于它的传播和危害，1881 年世界上诞生了第一部防止危险性有害生物传播的国际条约《葡萄根瘤蚜公约》，并于 1929 年在罗马修改为《国际植物保护公约》。葡萄根瘤蚜的传播和危害具有典型性和重要性，这也是选择其为导学案例的重要原因之一。

一、改变葡萄酒世界的葡萄根瘤蚜

1. 葡萄根瘤蚜发生与危害　提起葡萄酒，相信很多人首先想到的就是法国。法国是世界上最重要的葡萄酒生产国之一。但其实我们现在喝的葡萄酒早已不是当年的葡萄酒，这是因为法国很多优质古老的葡萄庄园早已被一种小虫子摧毁而不复存在，这个小虫子就是葡萄根瘤蚜（图 2-5）。

1863 年 6 月，牛津大学的昆虫学家和生物学家 Jo Westwood 收到了一份来自哈默史密斯温室的葡萄叶样本，他通过检查这些叶片上的小昆虫和虫卵，确认葡萄叶上携带根瘤蚜，成为欧洲发现这种蚜虫的第一人。这种蚜虫长度不足 1 毫米，肉眼几乎难以察觉。它攻击葡萄树根，汲取根上的汁液。它可以通过土壤中的裂纹从一株葡萄树转移到另一株葡萄树，也可以通过风、农业机械或人为移动进行长距离传播。它会影响葡萄发育，并最终使葡萄树死亡。

在整个 19 世纪，有大量的植物，包括葡萄树，从美国被运到欧洲。温室里种植的来自世界各地的奇花异草是当时富裕家庭的时尚象征。很少有人能想到这些植物会携带什么样的疾病。而这些植物给欧洲的葡萄种植者带来了灾难性的后果。先是白粉病在 1847 年侵袭了欧洲，严重影响了各大葡萄酒产区，随后为 1878 年的霜霉病和 1888 年的黑腐病，但葡萄根瘤蚜才是最致命的。

2. 葡萄根瘤蚜传播迅速　葡萄根瘤蚜传播迅速，先感染的是法国朗格多克产区，然后是法国的其他产区。到了 19 世纪末，欧洲大部分地区和北非都受到了影响。据估计，在法国，几乎有一半的葡萄园受到了影响。许多葡萄酒产区逐渐衰落，且再也没有恢复过来。其他产区也失去了宝贵的优质葡萄树，改为种植产量高但品质低劣的葡萄品种。这对于完全依赖葡萄酒销售的产区是极大的灾难。

起初，很多人拒绝相信是这种小小的虫子造成这一切，法国政府于 1869 年展开调查，最终确定葡萄根瘤蚜是罪魁祸首。当时人们尝试的治疗方法包括洪水漫灌葡萄园和喷洒二硫化碳（高度易燃的危险药剂）。最后，在 19 世纪 80 年代，研究人员发现，在美洲葡萄品种的树根上嫁接欧洲葡萄品种是防止感染的唯一途径。

有一些地区的葡萄园避开了葡萄根瘤蚜的影响，因为这种蚜虫无法生存于沙质土壤中，这样的产区包括匈牙利和葡萄牙的科拉雷斯。智利由于安第斯山脉和太平洋的包围，也免遭根瘤蚜和许多其他植物疾病的侵袭。

在南澳大利亚州，通过严格的控制和检疫，那里的葡萄园至今未受葡萄根瘤蚜的侵袭。一时间，似乎根瘤蚜所造成的危害已经过去了。然而，一些所谓的隔离区域，如俄勒冈州和新西兰，却因为疏忽付出了沉重的代价。20 世纪 80 年代，加利福尼亚州暴发了一次损失最严重的葡萄根瘤蚜虫害。

如今有四类葡萄酒与葡萄根瘤蚜有联系：智利葡萄酒；南澳大利亚州巴罗萨谷已经种植了 150 年的老藤葡萄树，如贝丝妮酒庄中完全未嫁接的赛美蓉葡萄树酿造的葡萄酒；西班牙利用嫁接在高产量但风味中性的帕洛米诺葡萄品种上的第一个无病葡萄树酿造的葡萄酒；最早受到葡萄根瘤蚜侵袭的产区之一的罗讷河谷当地的葡萄酒。

肉眼看不见的小虫改变了整个葡萄酒行业，人类与害虫的战役，从古至今都颇为"惨烈"。

葡萄根瘤蚜对葡萄藤的伤害有一个过程，好比"滴水穿石"一般。有时候，酿酒师或葡萄种植者需要 5 年才能看到这种小蚜虫对他们的作物造成的破坏。

3. 根瘤蚜对葡萄品种的影响 19 世纪中后期，葡萄根瘤蚜甚至使一些欧洲的葡萄品种，如佳美娜、马尔贝克被侵蚀至灭绝。一些葡萄品种经辗转最终在另一些地方存活了下来，比如中国蛇龙珠葡萄品种就是在欧洲本土已经灭绝的佳美娜品种。而像智利这样的地方，葡萄根瘤蚜从来都不是问题，因为葡萄根瘤蚜不喜欢沙质土壤，所以欧洲的葡萄品种在智利表现良好。

二、葡萄根瘤蚜生物特征

葡萄根瘤蚜是一种黄绿色的小昆虫，拉丁名为 *Viteus vitifolii*，英文名为 grape phylloxera。严重危害欧洲和美国西部的葡萄，吮吸葡萄的汁液，在叶上形成虫瘿，在根上形成小瘤，最终致使植株腐烂。根瘤蚜的一生分为无翅阶段和有翅阶段，前者孤雌生殖，后者产雌、雄蚜，交配后雌蚜产卵，以卵越冬。

三、如何抵御葡萄根瘤蚜

在葡萄根瘤蚜肆虐了几十年之后，人们终于找出了两种相对有效的方法来对付葡萄根瘤蚜。

第一种是杂交术。将酿酒葡萄与抗蚜葡萄品种杂交获得子代。但杂交子代的抗蚜能力是有限的，欧盟基本上禁止了将它们用于优等佳酿的酿造。该法在北美及其他新世界国家更多见。

第二种是美式根茎砧木嫁接术。把欧洲的葡萄枝通过美式根茎砧木嫁接术嫁接到美洲本土具有抗病性的葡萄根上。虽然这项技术费用昂贵而且没有从根本上消灭根瘤蚜，但是如果没有这种技术，欧洲的葡萄酒历史可能在 19 世纪就画上了句号。

四、问题的根源与争议、启示

1. 葡萄根瘤蚜的基因组研究 *BMC Biology* 创刊于 2003 年，其中的研究报告对根瘤蚜的基因组进行了排序，并且基因组中隐藏

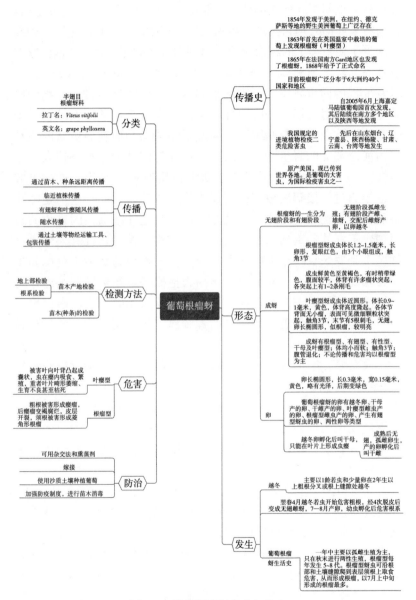

图 2-5 葡萄根瘤蚜发生与危害

着这种昆虫起源和传播的线索。根瘤蚜的基因组揭示了它的过去，并为将来如何处理它提供了启示。通过将欧洲根瘤蚜的基因序列与美国野生葡萄藤上的根瘤蚜的基因序列进行对比，来自法国国家农业食品与环境研究院（INRAE）的 Claude Rispe 和 Fabrice Legeai 以及他们的同事将研究范围缩小到密西西比河谷，目前正继续沿着河流南下对根瘤蚜进行取样，所以这个研究任务还没结束。证据表明，欧洲根瘤蚜基因序列与威斯康星州和伊利诺伊州的一种名为河岸葡萄的野生藤本上的两个根瘤蚜的基因序列有惊人的相似性。19 世纪的农学家很快就断定根瘤蚜来自北美。这一事实为他们通过嫁接解决根瘤蚜问题提供了理论基础——这仍是阻止根瘤蚜侵害葡萄的方法。也就是说，在与这种昆虫共同进化的过程中，美洲的葡萄树已经对它产生了抗性。但是，没有人知道这种昆虫到底来自哪个大陆的哪个地方。一种理论认为，英国园丁应为葡萄根瘤蚜肆虐欧洲负责，因为他们将野生美国葡萄藤作为装饰品带到了欧洲。该理论认为，根瘤蚜从英国经法国南部传入欧洲大陆。它先是破坏了法国的葡萄园。但事实证明，该理论是对英国人的诽谤。

根瘤蚜，昆虫学家口中半翅目家族的一员，于 19 世纪 60 年代出现在法国，并逐渐侵蚀了许多葡萄藤，然后蔓延到新的地方。最早的记录是在 1875 年的澳大利亚以及 1886 年的南非，对欧洲殖民地的葡萄园造成了类似的破坏威胁。最终，法国和美国科学家找到了一个解决办法，他们把欧洲的葡萄藤嫁接到美国葡萄藤的根上。

18 世纪中期，英国和西班牙从法国那里吞并了密西西比河谷，并最终转让给了美国，但很多法国移民仍留在这个地方。法国在很长一段时间内与其保持着贸易联系，尤其是与新奥尔良的贸易。如果是在 19 世纪，河岸葡萄插枝（插枝是从植物上截取的一段供扦插的枝条）被保存在凉爽干燥的容器中，然后被带到法国的植物园中，根瘤蚜能够在这些河岸葡萄的插枝上存活下来，这并不奇怪。更具讽刺的是，它也与葡萄一起被进口，这些葡萄藤要用来治疗法国的白粉病。

　　和北美同类相比，欧洲根瘤蚜的遗传多样性是有限的。这表明，这种害虫只被引入一次或两次，随后随着人类和他们的农业机械而扩散开来。也有可能是通过奥匈帝国在克洛斯特新堡的试验性葡萄园入侵东欧的。

　　在美国，根瘤蚜攻击葡萄藤的叶片，刺激叶片产生虫瘿，以便它们生存和进食，也会攻击根部并产生虫瘿。这些根部的虫瘿让植物遭受细菌和真菌的感染，导致葡萄藤的死亡。很长一段时间以来，研究人员都在寻找昆虫产生的一种刺激虫瘿增长的单分子。他们希望找到可以防止葡萄藤出现根瘤蚜的方法。但基因排序项目的结果令人失望：并不存在这种分子。研究人员发现了很多基因，总数超过这种昆虫基因组的十分之一，这些基因编码的蛋白质是根瘤蚜以藤本植物为食时分泌的，这使它能够避开植物的免疫系统，同时从它的宿主转移资源。

　　需要弄清楚每个基因的作用是什么，以及根瘤蚜如何操控植物并适应新的宿主。这些信息可能反过来会生成对付该生物的新武器。这在葡萄栽植的部分地区可能很有价值，在诸如澳大利亚的这些地方，葡萄仍是未嫁接的，根瘤蚜仍是个问题。如果这种昆虫进化出了避开美国藤本植物根系的自然抗性能力，可能会有所帮助。这种昆虫已经适应了更温暖的环境，并改变了它的活动范围，生理进一步变化是完全可能的。

　　2. 防治根瘤蚜技术的思考　经过几十年的努力，人们终于找出了两种相对有效但颇有讽刺意味的方法来对付根瘤蚜。第一种是美式根茎砧木嫁接术（如今广为采用的方式）；第二种是杂交术，通过酿酒葡萄与抗蚜葡萄品种获得杂交子代，既可抵御蚜虫，又可避免成酒中透出过多美式葡萄的不佳特征。但杂交子代的抗蚜能力是有限的，欧盟基本上禁止了将它们用于优等佳酿的酿造，在北美及其他新世界国家更多见。葡萄酒行业新世界国家即酿酒历史较短，仅两三百年的国家，如美国、智利、南非、澳大利亚、阿根廷和中国等。

著名的根茎砧木嫁接术使欧洲大陆从此走上了漫长的葡萄园重植之路，但遇到了很多困难。技术门槛虽然不高，但主要有三大问题：一是美国根茎砧木的供应。一朝被蛇咬，十年怕井绳。许多地区完全禁止了进口。二是许多财大气粗的酒庄拒绝拔除原根，决心能撑多久就撑多久，虫害因此无法全部消灭。这可能是因为使用美式根茎伤害了酒农们的"风土情结"。这是一份几百年流传下来的精神力量和信仰，他们相信土壤作为风土环境的一部分是有生命的活物，与这方土地上的葡萄藤根系相依相生，心灵相通。三是选择能适应欧洲大陆上诸多白垩土壤的美国根茎砧木也非易事。

欧洲虽是蚜虫重灾区，不过还是有小部分葡萄园得到庇佑，逃过了蚜虫的肆虐。如著名的堡林爵老藤香槟，其中的黑皮诺葡萄就来自三小块未受蚜虫肆虐、未经任何嫁接的葡萄园。但这三块葡萄园区究竟如何在几乎全军覆没的情况下独善其身，至今仍是个未解之谜。现阶段在全球范围内有关根瘤蚜存有诸多争议，主要焦点问题有根瘤蚜大灾害中幸存的原生根茎酿制的葡萄酒到底有什么独特之处？嫁接是否影响到葡萄质量及原生特性？原生根茎酿制的葡萄酒风味是否一定更胜一筹？

3. 国际植物保护公约的诞生　尽管葡萄根瘤蚜给法国人带来了不可磨灭的记忆，但事情总有两面性。西班牙加泰罗尼亚每年9月都会热闹非凡，节日游行声势浩大，其中最令人费解的游行就是一尊尊高头大马的葡萄根瘤蚜雕像游街而过，在烟火的照耀和人群的喧闹声中，人们似乎又想起了19世纪末那个葡萄根瘤蚜肆虐的黑暗时代。为感恩前人不屈不挠的奋斗精神和葡萄园的复苏，当地人特地将每年的9月7—8日定为葡萄根瘤蚜节。

如前所述，葡萄根瘤蚜是世界上第一个检疫性有害生物，由于它的传播和危害，1881年世界上诞生了第一部防止危险性有害生物传播的国际条约《葡萄根瘤蚜公约》，并于1929年在罗马修改为《国际植物保护公约》。

第四节　农药导学案例——DDT 的功与过

一、DDT 的产生与应用

20 世纪 60 年代，人们广泛使用着一种神奇的化学药品滴滴涕（DDT）。它是世界农林害虫的死神，也是阻断疟疾、霍乱、斑疹、伤寒等多种流行性疾病传播的特效药，它原本是人类的"宠儿"，可如今却沦为人类的"弃儿"。DDT 为何会从辉煌走向没落，有何是非功过，这一切都要从一本闻名世界的《寂静的春天》说起。早在 20 世纪 60 年代，蕾切尔·卡森写了一本伟大的书——《寂静的春天》，向人们讲述为什么春天到来的时候，我们再也听不到鸟儿的歌声了。有研究资料表明，任何看似合乎标准的排放，都是有问题的，排放是持续的，而环境却不能及时消化排放物。农药的过度使用和工业污染的持续排放，改变了水、土壤的性质，那些足以致命的微量元素，通过食物链最终到了人体内。与此同时，外部环境也在变化：土壤板结，水质败坏，花草枯萎，鸟兽灭绝……看似寂静的时候来了，却也是最孤独和绝望的时刻。

人们发现在第二次世界大战中，无论美军出现在哪里，他们都用一种粉末状药物对周围环境进行喷射或撒施。人们不禁要问：这是什么药物？为什么要到处喷撒？士兵们回答是 DDT。DDT 是杀虫药，它可以杀死虱子，也可以杀死蚊子。它不仅能消灭潜藏在士兵身体上的疾病传播者，还能防御外部环境中的蚊子等的侵扰。

1935 年，化学家米勒开始探索一种干扰昆虫生理活动的有机化合物。这种有机化合物最好易于制造、价格低廉、无难闻气味，又能有效地杀死昆虫而对其他生物无害。1939 年 9 月，米勒在研究中碰到了一种化合物，它正是自己苦心寻找的那种无臭、价廉、对绝大多数生物几乎无害但对昆虫则意味着死亡的化合物。鉴于化合物名字太长，米勒只取英文字头，称其为 DDT（中文译作滴滴涕）。DDT 的产生和发展如图 2-6 所示。

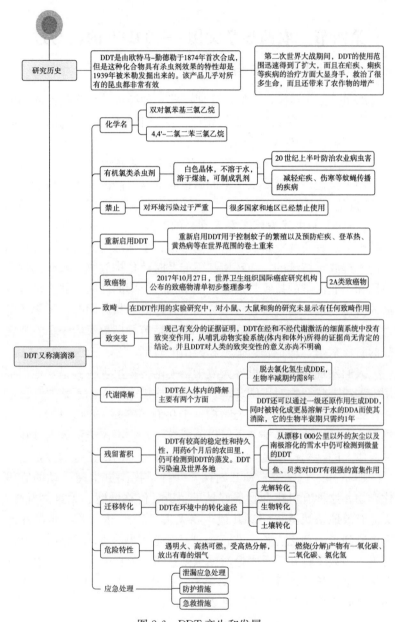

图 2-6　DDT 产生和发展

DDT 化学名为双对氯苯基三氯乙烷。有一些人认为 DDT 是"世界上最邪恶的发明",但 DDT 曾拯救了数千万人,DDT 是良药还是毒物?

DDT 首次合成在 1874 年,1939 年人们发现其杀虫活性,1940 年瑞士嘉基公司的米勒将其开发为产品,并因此获得 1948 年的诺贝尔生理学或医学奖。在那个时候,"DDT 是为人类造福的好产品"似乎是毫无疑义的真理。后来,人们逐渐发现大规模使用 DDT 的恶劣影响。发达国家在 20 世纪 60 年代末、70 年代初先后宣布限制和禁止使用 DDT。也就是说,从 DDT 合成问世到人们对 DDT 的功过做出结论用了 100 年左右。中国台湾于 1973 年停用 DDT,中国大陆于 1983 年停止生产和使用 DDT。

DDT 属中等强度毒性的化学品,能通过多种途径进入人体而产生毒害作用。

由于 DDT 的高残留性和对环境乃至生态系统的潜在危害,中国、日本及欧美许多国家已相继禁止它的使用或规定了严密的使用规程,DDT 的污染源已基本得到控制。但是,环境中和生物体内的 DDT 残留量何时能够彻底清除是难以估计的。甚至由于尚未找到适当的代用品,有些意见认为今后热带地区防治传播疟疾的蚊子需要继续使用 DDT。因此,对 DDT 造成的环境问题保持警惕是必要的。

二、由 DDT 引发的争论

作为世界上第一个人工合成的有机农药,DDT 的很多优点和缺点大家已有共识。例如,DDT 的杀虫谱广、制作简单、价格便宜、药效强劲持久,同时难以降解、能生物富集、能长途迁移以及对野生动物特别是鸟类和鱼类的生殖系统、神经系统、内分泌系统等有诸多危害。虽然一些争议已经盖棺定论,但是目前仍然还有不少的争议。由 DDT 引发的争论如图 2-7 所示。目前争论较多的问题有 3 个:DDT 对人类健康的影响;禁用还是使用 DDT;如何评价 DDT。

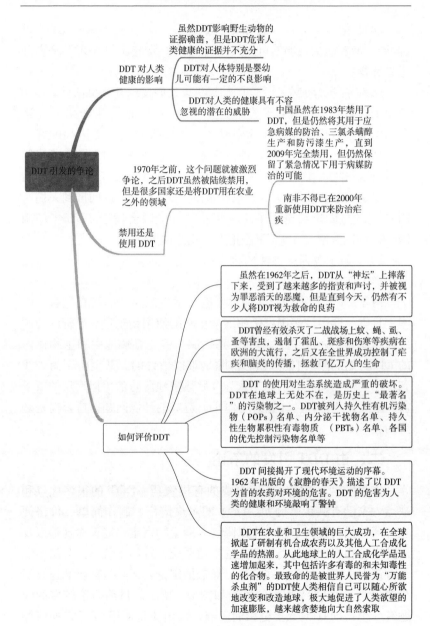

图 2-7　DDT 引发的争论

1. DDT 对人类健康的影响　虽然 DDT 影响野生动物的证据确凿，但是 DDT 危害人类健康的证据并不充分。DDT 进入人体的主要渠道如下：普通人是通过食物摄入，胎儿和婴儿可以通过胎盘和母乳摄入。

DDT 和 DDE 易溶解在脂质中，它们在人类脂肪组织中（约 65% 的脂肪）的浓度高于在母乳（2.5%～4% 的脂肪）中的浓度，在母乳中的浓度又高于在血液或精液（1% 的脂肪）中的浓度。墨西哥 40 个 DDT 喷洒者人体脂肪中的总 DDT 浓度的平均值是 104.48mg/kg，但是，DDT 对人来讲似乎是安全的。DDT 已经使用了 60 多年但却很少有急性中毒的，即便剂量高达 285mg/kg 也只是导致呕吐而不会致死。世界卫生组织（WHO）和美国医学会认为，DDT 的致癌性尚缺乏充分的证据，有待进一步研究。美国环境保护署（EPA）也认为，DDT 对人的致癌性证据还不充足，但对动物的致癌性的证据是充足的；DDE 对人的致癌性是有争议的，但对动物的致癌性的证据是充分的；DDD 对人的致癌性的证据还没有发现，但对动物的致癌性的证据是充分的。虽然很多研究表明 DDT 可能会影响人的神经行为、生殖健康、免疫和 DNA 等，但是相反的结论也很多，DDT 对人体健康影响的证据还需要进一步的研究调查。

一些早期的研究认为，乳腺癌风险与脂肪或血液中的 DDT 有显著的正相关，另外一些研究则不支持这种联系。虽然禁用 DDT 主要是从生态学的角度考虑而不是对人体的毒性，但是随后的研究还是表明 DDT 对人体特别是婴幼儿可能有一定的不良影响。有学者认为，虽然 DDT 可能与许多疾病有潜在的联系，但是证据并不是太充分，这主要是因为方法方面的问题导致许多研究的结果不可信。有人认为，分析方法、对照人群和食物要素等诸多差异导致研究结果可靠性差。这也说明 DDT 威胁人类健康的争议还将继续，而且有可能持续到多年之后。

总的来说，DDT 危害人类健康的证据虽然还存在很多争议，但是由于 DDT 具有持久性有机污染物的 4 个属性，而且历史用量多达 200 万吨以上，所以虽然禁用已有 40 多年，但其在地球上仍然无处不在，目前仍然可以通过食物链在人体中富集。因此，DDT 对人类健康具有不容忽视的潜在威胁。

2. 禁用还是使用 DDT 1970 年之前，这个问题就受到了激烈争论，之后 DDT 虽然被陆续禁用，但是很多国家还是将 DDT 用在农业之外的领域。

例如，中国虽然在 1983 年禁用了 DDT，但是仍然将其用于应急病媒防治、三氯杀螨醇生产和防污漆生产，直到 2009 年才完全禁用，但仍然保留了紧急情况下用于病媒防治的可能；南非在 20 世纪末期禁用 DDT 后，用拟除虫菊酯类杀虫剂防治蚊虫，这些害虫对这类杀虫剂产生了抗药性，暴发了几次疟疾后，南非不得已在 2000 年重新使用 DDT 来防治蚊虫；还有赞比亚、津巴布韦等一些非洲国家，使用 DDT 降低疟疾的发生和流行。

一方面，环境学家要求全面禁用 DDT；另一方面，疾病控制学家主张使用 DDT。到底该不该使用 DDT 的争议又逐渐激烈了起来。特别是 2006 年 9 月 15 日，WHO 在禁用 DDT 30 多年后又重新推荐广泛使用 DDT 来防治疟疾，这一事件更是引爆了这个争论。斯德哥尔摩会议制定了 2020 年淘汰 DDT 的计划，但是，这个计划不一定会成功，DDT 被解禁的主要原因如下。

(1) 面对死亡，宁要污染。每年 5 亿多人感染疟疾，100 多万人死亡，其中每天有 3000 个孩子和婴儿死于疟疾……在确定的死亡与可能的伤害之间，选择污染可能带来的伤害。

(2) DDT 防治疟疾效果好。DDT 防治疟疾的关键因素并不是杀虫，而是作为一种驱避剂，能够将蚊子赶出房间而避免疟疾传播，且通常情况下蚊子对 DDT 的抗药性不强。有些药品使用一段时间，蚊子就会产生抗药性，而且在不同的地区抗药性可能还不一样。南非使用了 60 多年 DDT 也没有发现蚊子对 DDT 产生抗性，而尼日利亚使用 DDT 仅一年半就发现了对 DDT 有抗性的蚊子。

(3) DDT 替代品的无能为力。DDT 的替代品有很多，但要么价格较贵难以让非洲人民接受，要么药效不够持久作用不大，要么蚊子很容易对其产生抗药性。总之，目前还没有真正可以替代

DDT 的药品和措施。

（4）使用方式的改变能够尽可能防止 DDT 危害野生动物和人类。这也是 WHO 突出强调的一点，采用正确的方式适时适当地使用 DDT 进行室内滞留喷洒将不会对野生动物和人类产生伤害。总的来说，这些基于 WHO 对 DDT 的态度，从来没有放弃在需要使用 DDT 的地方使用 DDT。

曾计划在 2020 年淘汰 DDT 的计划，关键在于替代品或替代方案控制疟疾的有效性。疟疾问题非常复杂，要想消除非常困难，历史上也曾经出现过几次因为禁用 DDT 和对特效药产生抗药性等而造成的疟疾反复。WHO 立场陈述如下：南非等国家禁用 DDT 后疟疾暴发的历史说明了在没有合适的替代品之前就禁用 DDT 是有一定的风险的。

3. 如何评价 DDT 虽然在 1962 年之后，DDT 从"神坛"上摔落下来，受到了越来越多的指责和声讨，并被视为罪恶滔天的恶魔，但是直到今天，仍然有不少人将 DDT 视为救命的良药。

在农药的历史上，DDT 是第一个被人工合成的广谱而高效的有机杀虫剂。1939 年，瑞士化学家米勒首先发现 DDT 可以作为杀虫剂使用，这标志着人们 2000 余年来应用天然及无机药物防治农业害虫的历史就此被改写。以 DDT 为首的有机农药成为粮食增产必不可少的重要手段，每年减少的损失约占世界粮食总量的 1/3。

DDT 曾经有效杀灭了二战战场上蚊、蝇、虱、蚤等害虫，遏制了霍乱、斑疹和伤寒等疾病在欧洲的大流行，之后又在全世界范围内成功控制了疟疾和脑炎的传播，拯救了亿万人的生命。

DDT 间接揭开了现代环境运动的序幕。1962 年出版的《寂静的春天》描述了以 DDT 为首的农药对环境的危害。蕾切尔·卡森用生命书写的巨著不但促使美国很快成立了农业环境组织，并在1970 年成立美国环境保护署，还推动了整个世界对环境污染的重视。DDT 的危害为人类的健康和环境敲响了警钟。

DDT 的使用对生态系统造成严重的破坏。DDT 在地球上无处不在，而且还将长期存在，是历史上"最著名"的污染物之一。除了作为有机氯农药的代表，DDT 还先后被列入持久性有机污染物（persistent organic pollutants，POPs）名单、内分泌干扰物名单、持久性生物累积性有毒物质（persistent，bioaccumulative，and toxic，substances，PBTs）名单和各国的优先控制污染物名单等。

DDT 在农业和卫生领域的巨大成功，在全球掀起了研制有机合成农药以及其他人工合成化学品的热潮。从此，地球上的人工合成化学品迅速增多，其中包括许多有毒的和未知毒性的化合物。最致命的在于被世界人民誉为"万能杀虫剂"的 DDT，使人类相信自己可以随心所欲地改造地球，极大地促进了人类欲望的加速膨胀，使人类越来越贪婪地向大自然索取。

三、由 DDT 引发的启示

1. 杀虫剂是一把双刃剑　杀虫剂在消灭农作物虫害方面发挥了巨大的作用，保住了一部分作物产量，但杀虫剂是一把双刃剑，我们要清晰地认识到这一点。《寂静的春天》以一个寓言故事开头，探讨了杀虫剂等各类药物的滥用给人类及环境带来的灾难性影响。而这一切，人类要自己负责。人类的生活中使用了大量的化工产品，也就等同于接受了被污染的食物、空气和水。哪怕有毒元素只有一点点，却在用人们意料之外的方式改变着地球上的各种生物，包括动物习性突变、人类繁衍危机、基因缺陷以及各种怪病肆虐。由 DDT 引发的启示如图 2-8 所示。

美国前副总统戈尔为《寂静的春天》30 年纪念版作序，其中写道，蕾切尔·卡森的影响力已经超过了《寂静的春天》中所关心的那些事情。她将我们带回如下在现代文明中丧失到了令人震惊的地步的基本观念：人类与自然环境的相互融合。本书犹如一道闪电，第一次使我们时代可加辩论的最重要的事情显现出来。

2. 关于科学技术双刃剑效应的思考　在《寂静的春天》之后，双刃剑的说法逐渐被接受，科学技术存在负面效应成为新的共识。关于科学、人类和社会，常见的观点是人类有需要，科学技术满足了人类的需要，人类的需要得到了满足，于是幸福感提高了，社会

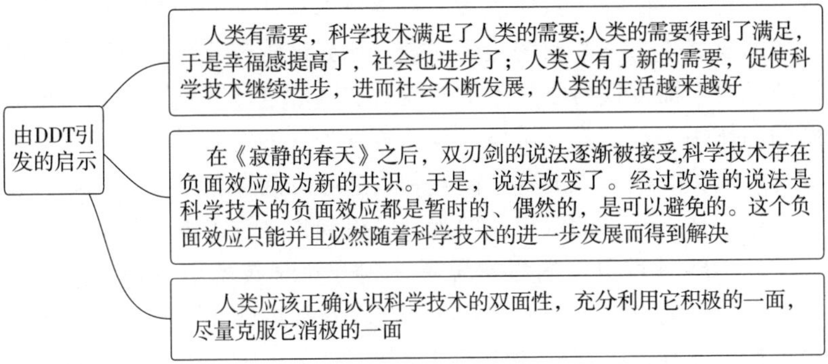

图 2-8　由 DDT 引发的启示

也进步了；人类又有了新的需要，促使科学技术继续进步，社会不断发展，人类的生活越来越好。人类已经意识到科学技术存在负面效应，但认识得不够深刻。经过改造的说法是科学技术的负面效应都是暂时的、偶然的，是可以避免的。这个负面效应只能并且必然随着科学技术的进一步发展而得到解决。科学一般是指人类认识世界的基本实践活动，以及在实践的基础上不断发展着的关于世界的各种物质运动形式和发展规律的理论知识体系。技术一般是人类为了满足一定的社会需要，在改造自然的实践中创造和应用的劳动手段、工艺方法、知识经验和技能的总和。从人类社会的发端开始，科学技术就与人们的生活息息相关。

科学技术的发展推动了生产力的发展，在不知不觉中对我们的生活方式产生了巨大的影响，我们的物质生活和精神生活都产生了巨大的改变。科学技术在各行各业的发展都十分迅速，这使得我们的生活水平在很大程度上得到了提高。例如，现代的科学技术使人们能够更快地、更便捷地传递信息。科学技术的发展使得劳动生产率得到了很大的提高，所以人们无须一直工作，从而有了更多的空闲时间来享受生活，我们现在美好生活的很大一部分都得益于科学技术。

现今科学技术的负面效应的表现形式主要表现在三方面：一是全球性生态危机，如人口问题、粮食问题、资源短缺、环境恶化等。二是社会困境，具体表现为科学技术对社会的控制，以及科学技术的发展带来一些新的伦理问题，比如试管婴儿、器官移植、网络技术等，而现代科学技术的发展对加剧"全球问题"起到了推波助澜的作用。三是人文困境，具体表现为人的本质异化的问题、人的功能退化问题、人的尊严问题和人的心理问题。

科学技术是一柄双刃剑的观点已得到越来越多人的认同。

3. DDT 使用引发的哲学思考　　抛开科学技术本身不说，人类在科学技术的发展过程中也存在着极其重要的作用。有时候，人们为了自己的利益需求而造成了科学技术负面影响的产生，使其给人类的生活带来了危害，这是人类自己带来的后果。也正是因为现实利益的驱使，使科学技术的消极作用在现实生活中存在着不科学利用的市场。

由于认识的局限性，人类盲目滥用科学技术，最终给人类带来了无法估量的损失和代价。人类的知识水平决定了当人们在发展某些科学技术的时候，几乎无法了解在这样做会对将来造成什么样的后果。例如，人们在大力发展工业的时候，一开始根本无法意识到二氧化碳的过多排放会带来温室效应，等意识到的时候，这些负面影响已经产生，而且已经很难挽回了。

DDT 的应用，提醒人类应该正确地认识科学技术的双面性，充分利用它积极的一面，尽量克服它消极的一面。当人们已经认识到了这一点，就应该积极采取措施，尽可能地使科学技术多为人类做贡献，尽量避免它消极的一面，这对整个人类的生存和发展来说有着非常重大的意义。科学技术是一柄双刃剑的观点已得到越来越多人的认同，也引发了许多相应的哲学思考。

第五节　抗生素导学案例——青霉素的发现与应用

一、青霉素的发现

1928 年，英国人弗莱明（A. Fleming）在培养葡萄球菌的平板培养皿中发现，培养皿上污染青霉菌的区域周围没有葡萄球菌生长，形成了一个无菌圈，后来人们称这种现象为抑菌圈。弗莱明认为这是由于青霉菌能分泌一种能够杀死葡萄球菌或阻止葡萄球菌生长的物质，他把这种物质称为青霉素。介绍发现抗生素的故事，以青霉素的发现作为导学案例具有一定的意义，导学案例见图 2-9。

1929 年，弗莱明发表了第一篇青霉素对革兰氏阳性菌产生的作用的文章。但是，弗莱明的这一重要发现在当时并没有引起人们的重视。既然青霉素可以杀死葡萄球菌，就有可能杀死能使人致病的细菌，直到 1940 年，英国的病理学家弗洛里（H. W. Flory）和德国的生物化学家钱恩（E. B. Chian）通过大量实验证明青霉素可以治疗细菌感染，具有治疗作用，并建立了从青霉菌培养液中提取青霉素的方法。随后医生第一次用青霉素救治一位患败血症的危重病人，使当时无法治疗的败血症病人恢复了健康。于是，青霉素一时成了家喻户晓的救命药物。1945 年，弗莱明、弗洛里、钱恩一起被授予诺贝尔生理学或医学奖。这三位科学家的发现，使青霉素进入了人类生活，挽救了成千上万人的生命，使人类与疾病的斗争进入了一个全新的时代，为增进人类的健康做出了巨大贡献。

二、青霉素的工业化生产

第二次世界大战的爆发，造成大量伤员，急需大量的青霉素进行救治。这促使英国和美国的科学家对青霉素的制造进行了大量的艰苦研究，最终在 1945 年实现了青霉素的工业化生产。最早采用的是固体表面培养法，即将固体培养基与青霉菌菌种液体混合，放入浅盘中，再将盛有发酵物的浅盘摆放在室内的架子上，保持室内温度，进行发酵，发酵结束后，用水将产生的青霉素从固体培养基中浸提出来，制成干粉。

使用这样的生产方法存在许多问题。为了获得足够量的青霉素，需要大量的培养基和培养室，占用的厂房面积非常大，温度也很难控制，且劳动强度非常大，工人十分辛苦。更重要的是在发酵过程中，为了通风，培养基几乎暴露在空气中，空气中的各种微生

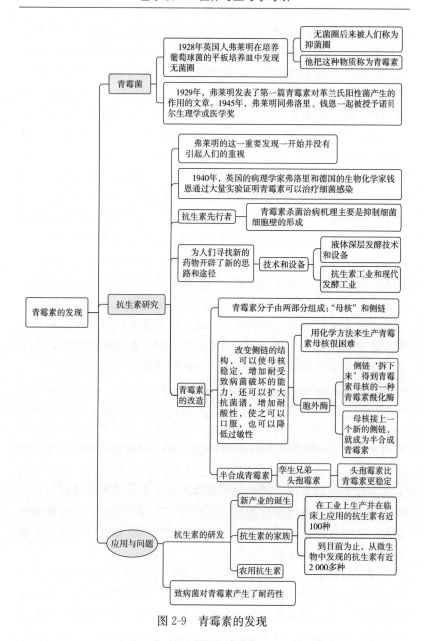

图 2-9 青霉素的发现

物会造成大量污染，无法做到纯种发酵，每一次的发酵结果都不相同，很难控制发酵过程和质量。除此之外还有很多问题，因而当时的表面培养法生产青霉素的效率很低，发酵效价只有 40 单位/毫升，收率只有 20％，产品纯度仅为 20％，而且生产成本很高。这一状况迫使人们研究新的生产方法。改变固体表面培养，采用液体深层培养。所谓液体深层培养是指与固体表面培养相反，使用液体培养基，在固定的容器内通入无菌空气进行培养发酵的方法。

为了实现液体深层培养，必须解决各种技术难题，如为了保证发酵过程不被其他微生物污染，防止其他微生物与产生青霉素的青霉菌争夺营养，产生有害物质，影响青霉素的产生，一定要进行纯种青霉菌的发酵。在发酵开始前，要先对培养基和有关的整套发酵设备，如管道、阀门、取样器、空气过滤器等进行灭菌，把所有的微生物全部杀死；最简单的方法是通入高温蒸汽，加热到 100℃ 以上，保持一定时间，冷却到室温后再接入纯的菌种进行发酵。为了在发酵过程中不使外界的微生物进入发酵设备内引起污染，要求发酵设备如发酵罐、管道、阀门等必须密封；由于青霉菌在发酵过程中生长和产生青霉素均需要氧气，因此在发酵过程中要不间断向发酵罐内的发酵液中通入空气，以供给足够的氧气。但是，如果通入的空气中含有微生物，就会发生污染，使发酵失败。因此，通入的空气必须是无菌的。为了保证这一点，空气要进行无菌处理，如过滤、灭菌等，就需要一系列的设备和方法。为了使通入的空气中的氧气溶解在培养基中，及时地供给菌体使用，就需要在发酵罐内设置搅拌装置以及增加搅拌效果的挡板，使气液充分混合，将气泡打碎，增加气泡与培养基的接触，使氧气及时溶入培养基，及时供给菌体。为了增加氧在培养基中的溶解度，一般要增加发酵罐内的压力。维持一定的罐压还有另一个好处，因为发酵罐需要搅拌，搅拌轴与罐外动力连接的轴承和密封圈的密封度有限，如果罐内压力小于罐外，外面空气会很容易进入罐内，造成污染；如果罐内压力大于罐外，就可以防止外面空气进入罐内，防止污染。为了对培养基、发酵设备进行灭菌和控制发酵过程的温度，发酵罐体均有可通入蒸汽、热水或冷水的夹套，发酵罐内有螺旋管。如为保证纯种培养，培养基和通入的空气要先灭菌，防止将杂菌带入培养基中发生污染；通入的空气要尽快与培养基混合，使氧气溶入培养基供细胞使用，为此需要进行搅拌混合；微生物生长和产生青霉素均需要适当的温度，控制温度成为关键。还有与之有关的技术问题、设备问题和工艺问题都需要解决。为此人们研究开发了可通入无菌空气、利用夹套和冷热管通入冷热水控制温度的密封搅拌式发酵罐及配套的其他设备，如空气压缩、过滤、灭菌设备，以及相应的生产工艺和技术。利用这样的发酵罐设备、工艺和技术，再配以离心、溶媒萃取和干燥等技术，青霉素的生产实现了高效和成本低，为青霉素在临床上的大量使用奠定了基础。

在 20 世纪中期，人们利用各种传统的遗传学方法对产生青霉素的菌种进行大量的改造，不断改进培养基和发酵条件，不断完善发酵设备及有关设备，在发酵工艺控制等方面，青霉素的生产水平不断提高。特别是近十年来，人们对青霉素在微生物中的合成路线和相关的代谢途径进行了全面研究，发现了控制和调节青霉素合成和代谢的许多"阀门"，人们利用各种手段来调节和控制这些"阀门"，使微生物按着人们要求的青霉素合成路线大量地生产青霉素。特别是随着基因工程的发展，利用基因工程将青霉素生物合成过程中起"开关"或"阀门"作用的关键酶的基因克隆到生产菌种中，加大对青霉素合成路线的控制力度，即进行代谢调控，控制发酵过程尽可能利用原材料，减少副产物的产生；通过对影响青霉素发酵的各种因素，主要是外部因素，如培养基组分、通气量、搅拌速度、罐压、发酵液中的溶解氧、温度、pH 等，以及对青霉素发酵动力学的深入研究，建立了有效的发酵动力学模型，采用流加发酵和变温发酵技术，利用计算机进行发酵过程控制，对碳源、氮源、前体、pH、搅拌速度、通气量、罐压、温度和溶解氧等诸多参数进行自动检测和关联控制，使青霉素的生产水平不断提高。除了遗传、基因工程育种大幅度提高菌种的生产能力以外，更重要的是由于发酵工程的进步，使工艺技术、工程设备、检测控制等多方面发生了重大变化，使青霉素的工业生产达到了前所未有的水平。因此可以说，发酵工业的技术进步得益于生物技术的全面发展，与发酵工程的发展有着更为直接的关系。

三、新的药物先行者

青霉素的发现和在临床上的应用，为人们寻找新的药物开辟了新的思路和途径。1944 年，瓦克斯曼（Waksman）从灰色链霉菌中发现了链霉素，开辟了利用放线菌生产抗生素的途径。随后科研人员在微生物中发现了许多可杀灭和抑制其他微生物发育和代谢，甚至还可抑制肿瘤细胞的发育和代谢的生物活性物质，现在人们将之统称为抗生素，而具有抗微生物作用的抗生素又称为抗菌素。青霉素的液体深层发酵技术和设备的工业应用及新的抗生素的不断发现，使抗生素工业迅速发展。20 世纪的 60—80 年代是抗生素研究发展的高峰年代，目前，在工业上生产并在临床上应用的抗生素有近100 种。

为适应青霉素生产而研究开发的液体深层发酵技术和设备彻底改变了传统的固体发酵，这些技术和设备逐渐推广应用到其他发酵产品的生产上，也取得了令人满意的成果。因此，用于青霉素生产的技术和设备的研究开发为现代抗生素工业和现代发酵工业的建立及发展奠定了基础。

四、耐药性及青霉素改造

在 20 世纪 50 年代，也就是青霉素开始大量在临床上使用时，一个病人每一次注射青霉素只需要 20 万单位，而到了 90 年代，一个病人每一次注射的青霉素需要 80 万～100 万单位，青霉素用量几乎增加了近 4 倍。为什么在不到半个世纪里，病人需要注射的青霉素用量增加了近 4 倍，是不是如人们所说的现在的青霉素质量不如从前了呢？其实不是的。现在生产的青霉素质量不仅不比从前生产的青霉素质量差，反而还有大幅度的提高。其主要原因是由于人们长期、大量使用青霉素，特别是不科学地大量滥用青霉素，如低剂量长期使用，使许多致病菌对青霉素产生了耐药性，有些致病菌不仅能够耐药，还可以破坏青霉素，很快使青霉素丧失杀菌活性。因此，人们不得不增加青霉素的用量，以保证治疗效果。

对青霉素杀菌治病机理的研究发现，青霉素主要是抑制细菌细胞壁的形成。细菌细胞壁被破坏，细菌就不能繁殖，从而达到抑菌和治病的效果。在研究青霉素的化学结构与药效关系中，发现青霉素分子由两部分组成，一部分是由一个四元环与一个五元环并在一起所组成的分子活性部分，称为"母核"，它是青霉素抗菌活性的关键部分，如果四元环被破坏而打开，青霉素就失去了抗菌活性；另一部分是与之连接的侧链。研究发现，改变侧链的结构，可以使母核稳定，增加耐受致病菌破坏的能力，同时还可以扩大抗菌谱，增加耐酸性，使之可以口服，在一定程度上也可以降低过敏性。因此，通过对青霉素的结构改造，达到提高青霉素药效和治疗作用，具有巨大的临床应用价值。

以前人们利用化学方法将青霉素母核上的侧链切下来，获得母核，然后再经化学方法给母核接上一个新的侧链，得到的是经过改造的半合成青霉素。致病菌对经过改装的青霉素的破坏和耐受能力降低，容易被杀死。过去病人打一针普通青霉素要 80 万单位，而现在打半合成青霉素，如氨苄青霉素、羟氨苄青霉素，只需要 20 万单位就可以达到同样的治疗效果。

但是，用化学方法来生产青霉素母核很困难，需要在很低的温度下进行反应，一不小心就会失败。在 20 世纪 50 年代末期，人们在微生物中发现了一种能够将青霉素的侧链拆下来得到青霉素母核的一种酶，称之为青霉素酰化酶。但是它并未引起人们注意。

使用产生青霉素酰化酶的大肠杆菌细胞（因为酶在细胞内）可以将青霉素的侧链切掉，获得母核。后来发现其他一些细菌产生的青霉素酰化酶是在细胞外的发酵液里，人们称之为胞外酶，因为产量高，比较容易分离得到而受到人们的重视。但不论是胞内还是胞外的青霉素酰化酶，在工业上使用均存在许多缺点。例如，使用细胞作为酶源时，在使用过程中细胞会破坏，由细胞释放出来的许多东西会跑到反应液中，即使细胞不破坏，从反应液中除去细胞也比较麻烦；使用酶时，因酶是水溶性的，它催化反应完了还留在反应液里，使得产物分离有一定困难，容易污染产物；另外，酶催化反应结束后，酶并未完全丧失催化能力，往往还可以再使用，但是因为溶解在水里，很难被分离出来再使用。因此发展了固定化技术，将产胞内青霉素酰化酶的细胞用适当的材料包埋成小珠，制成固定化细胞，或将青霉素酰化酶结合在特殊的高分子材料上，制备成固定化酶。利用这个方法获得青霉素母核，可以进行批式或连续生产，容易实现自动化和连续化。反应结束后，因为酶是固体的，很容易与反应液分开，酶不会污染产物，酶也可以反复再用。这为青霉素母核的生产开辟了一种全新的方法，克服了生产不稳定的缺点，提高了产品质量和产量，降低了生产成本，解决了环境污染等问题。

　　青霉素母核接上一个新的侧链，就成为半合成青霉素。20 世纪 90 年代以前，都是用化学法合成，但早在 70 年代就发现青霉素酰化酶不仅可以催化青霉素水解产生母核，还可以催化母核与新的侧链反应合成半合成青霉素，其与生产青霉素母核的反应条件不同，生产母核的反应是在弱碱性条件下，而合成反应是在弱酸性和有新的侧链的衍生物存在下进行。现在利用青霉素酰化酶催化合成氨苄青霉素已经获得成功，但还不能像化学合成方法那样可以用于合成各种半合成青霉素。

　　半合成青霉素从 20 世纪六七十年代的第一代已发展到现在的第四代。我国医院大量使用的氨苄青霉素、羟氨苄青霉素是第三代产品。

　　很早以前人们就发现，在使用青霉菌发酵青霉素时，发酵液中还同时有与青霉素类似的另一种抗生素——头孢霉素。它们在结构上有许多相似之处，均由类似的母核与侧链组成。不同之处是侧链结构有差别，青霉素母核的五元环在头孢霉素母核上为六元环。头孢霉素是青霉素的孪生兄弟。

五、第三代头孢霉素

在青霉菌发酵时，在合成的开始阶段青霉素和头孢霉素有共同的前体，不久出现分支，在分支点上，有一个重要的调节阀门，称为扩环酶，母核的五元环不扩大，直接走下去进入了青霉素合成，如果扩大为六元环，进入头孢霉素合成。因此，现在人们利用基因工程方法，增加扩环酶基因，相当于将调节阀门打开，同时利用基因工程方法使流向青霉素合成的基因关闭，使头孢霉素的合成流增大，既可增加头孢霉素的合成产量，又可大幅度减少青霉素的合成，这也就是现在所说的代谢工程。青霉菌经过这样的技术改造，可以在工业上大量生产头孢霉素。

同样，头孢霉素也可以将侧链切掉，获得母核，然后再接上一个新的侧链，获得半合成头孢霉素。母核的生产可以使用化学方法，也可以使用酶工程方法。但与青霉素母核生产不同，因为它们的侧链结构不同，头孢霉素的侧链是氨基己酸，使用青霉素酰化酶不能够将其切下，必须使用另外两种酶将侧链切下来，才能得到头孢霉素母核。科研人员从微生物中找到了头孢霉素酰化酶，它可以直接将头孢霉素的侧链切下，获得头孢霉素母核。然后使用化学合成方法合成半合成头孢霉素。

在这之前，人们使用化学扩环方法将青霉素的五元环扩大成六元环，得到侧链与青霉素相同的头孢霉素，然后利用青霉素酰化酶切去侧链，得到与头孢霉素母核略有不同的头孢霉素母核，再用于生产半合成头孢霉素。

因为头孢霉素比青霉素更稳定，可以口服，过敏反应低且抗菌谱广，病菌的耐药性小，在临床上得到广泛应用。头孢霉素为人类战胜疾病又增加了一种有效的药物。

抗生素的家族能在农业上干些什么呢？农用抗生素（agricultural antibiotics）是在 20 世纪 40 年代医用抗生素发展的基础上研究开发的（图 2-10）。指由微生物生命活动过程中产生的，对植物病原菌、害虫、螨类、线虫、有害植物（杂草）等其他生物，能在很低浓度下显示特异性药理作用的天然有机物，统称为农用抗生素（简称农抗）。

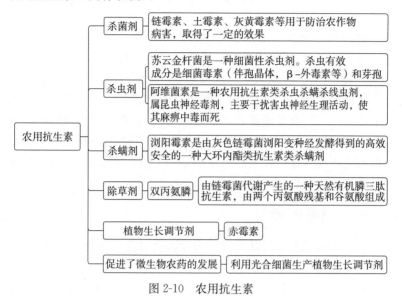

图 2-10　农用抗生素

最早的农用抗生素为链霉素，并由此推动了抗生素在农业上的应用，20 世纪 70 年代后得到了迅速的发展。目前，农用抗生素已几乎遍及杀虫剂、杀菌剂、除草剂、植物生长调节剂等农药所有领域。其中较为突出的有杀虫剂土霉素，杀菌剂井冈霉素、春雷霉素，除草剂双丙氨膦，植物生长调节剂赤霉素等。

农用抗生素易被土壤微生物分解而不污染环境，其对人畜安全，选择性高，但也应合理应用。

农用抗生素是现代生物技术和化学工程结合发展的产品。由于自然界微生物种类繁多，从中寻找具有特殊生理活性的物质还有很大潜力。随着生物工程新技术，特别是遗传工程和细胞工程的发展，现有的生产菌种将获得更高的生产能力，以提高工业的经济效益；还可能选育出产生新农用抗生素的新种微生物，以解决农业上病虫害的防治问题。

第六节　病毒导学案例——植物病毒

2020 年，与这个充满希望的新年一起到来的，还有一个不速之"客"，就是新型冠状病毒，国际病毒分类委员会将新冠病毒命名为 SARS-CoV-2。在 2020—2022 年，新型冠状病毒已波及全球 200 多个国家和地区。一场全球性的病毒大流行，几乎颠覆了人们的生活方式。目前发现新冠病毒有 16 种变异毒株，对全球构成主要威胁的变异毒株有以下 4 种：α 毒株、β 毒株、γ 毒株和 δ 毒株。如奥密克戎变异毒株在我们的生活中刷足了"存在感"，病毒成为社交媒体上热度最高的词。

一、病毒的诞生

第一个病毒是如何诞生的？为什么会有这么多种动植物病毒？这些问题就像"生命从哪来"一样让人好奇。

在了解病毒的起源之前，我们得先了解一下病毒的结构。病毒是一种非细胞性的微生物，其体积微小，结构简单，是介于生命和非生命之间的一种物质形式。病毒由两部分构成，内部是一个或多个核酸分子组成的基因组，外部是一层蛋白或者脂蛋白的保护性外壳。病毒只含一种核酸，DNA 或者是 RNA，必须在活细胞内寄生并以复制的方式进行增殖。病毒没有自己的代谢机构，没有免疫系统，因此病毒离开了宿主细胞，就成了没有任何生命活动也不能独立自我繁殖的化学物质。

狭义的生物病毒是独特的传染因子，是能够利用宿主细胞的营养物质自主复制自身各种生命组成物质的微小生命体。广义的病毒复杂得多，包括拟病毒、类病毒和病毒粒子等，因此生物病毒很难有明确的定义。虽然生物病毒会给人类带来一定的益处，如利用噬菌体可以治疗一些细菌感染，利用昆虫病毒可以治疗及预防农作物病虫害，但病毒危害却很大，例如艾滋病病毒等给人类带来了生命危险，流感病毒等会带来疾病。

就像现在已经很难考究第一个生命从哪里来一样，关于第一个病毒是如何诞生的，科学家提出过很多假说，主要有三种观点：一种观点认为病毒在细胞出现之前就已经存在了。另一种观点认为病毒是细胞进化过程中一种寄生的形式。还有一种观点称病毒是一些从细胞里面逃离出来的遗传物质，并且在长期的进化中保存了下来。这些假说之间还要一直争论下去，直到有明确的结论。了解病毒的进化能够在传染病防控中发挥关键作用。

目前来看，病毒很难追溯到一个共同祖先，它很可能是多起源的。真核生物和原核生物的病毒差异也很大，真核生物大多数病毒为 RNA 病毒，原核生物的大多数病毒为 DNA 病毒。基因突变和基因重组是促进病毒进化的两种主要方式。

基因突变即病毒基因组的改变。病毒的结构非常简单，遗传物质也很单一，因此，在病毒复制的过程中，几个关键位点的突变就可能会对病毒的传播能力和致病性产生很大的影响，同样也可能会影响疫苗、抗体和药物的效果。

基因重组是病毒进化的另一个手段。基因重组会使 A 病毒的某个基因片段换成 B 病毒相应片段，这样的重组往往容易产生新的病毒。例如，H7N9 禽流感病毒就是由东亚地区野鸟和中国上海、浙江、江苏鸡群的基因重配而产生的。

说起生活中遇到过或是听说过的病毒，每个人都能列举出几种。但要问世界上一共有多少病毒？很多人却没有明确的概念。那么，在我们生活的蓝色星球上，究竟有多少病毒存在呢？Hendrix 等科学家们估算得出，地球上至少有 10^{31} 个病毒颗粒，远超宇宙中恒星的数量（约为 10^{24} 个）。正如世界著名的科普作家卡尔·齐默在他的作品《病毒星球》中描述的"地球就是一颗病毒星球"。

二、植物病毒的发现

早在细菌发现以前，虽然人们当时并不知道病毒，可是已经记载了植物病毒病。第一个记载的植物病毒病是郁金香碎色病，因为至今阿姆斯特丹国立博物馆还保存着一张 1619 年荷兰画师的一幅得病的郁金香静物画。据记载，一个得病的郁金香球茎竟能换来牛、猪、羊甚至成吨的谷物或上千磅的奶酪。在 1634—1637 年的荷兰，这种嗜好达到了可称作"郁金香热"的高潮。这使我们知道早在 17 世纪就存在一种植物病毒病——郁金香碎色病。

1882 年，人们发现了一种称为花叶病的烟草病害，用感病植物的汁液接种，能将这种病害传播到健康烟草植株上。1892 年，俄国人伊凡诺夫斯基证明这种烟草花叶病的病株汁液可通过细菌漏斗（当时以为能通过细菌漏斗的物质是无菌的），但是还能引起健康烟草植株发生花叶病，揭示了引起花叶病的病原并非细菌。植物病毒导学学习内容见图 2-11。

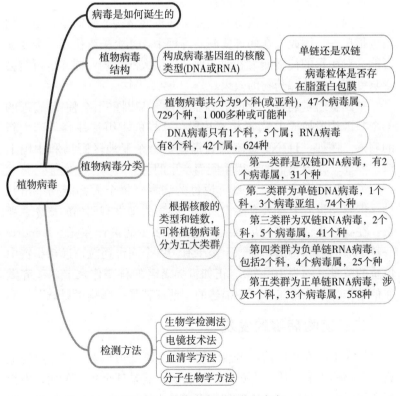

图 2-11　植物病毒导学学习内容

三、地球上病毒的数量

地球上病毒的物种数远远多于其他生命的物种数，如何测算地球病毒的数量？

如果你得了流感，那呼吸道里每一个被感染的细胞会产生大约1万个新的流感病毒。几天下来，你身体里产生的流感病毒数量将高达 100 万亿。这个数量是地球上所有人类总和的 1 万倍以上。一个普通的健康人体内含有约 3×10^{12} 个病毒，如果把全世界所有人身上的所有病毒聚集到一起，可以填满大约 10 个原油桶（1 桶大约 159 升）。土壤里的病毒更多，美国特拉华州湿地的一些区域中，每毫升土壤中含有约 40 亿个病毒。土壤里的病毒大都是寄生在细菌里的病毒，这种病毒称作噬菌体。

过去科学家调查病毒数量是用电子显微镜把样品中病毒一个一个数出来，这是一个很糟糕的办法，部分原因是病毒的一些宿主（细菌和原生动物）大都无法在人工环境下生存。没有了活的宿主，病毒也就无法存活，它们究竟有多少就无从知晓了。但是科学家还是想到了一个更好的办法，不用去寻找成熟的病毒，只需检测它们DNA 的片段在某个样品中的含量即可。通过这种方法，科学家发现了有关海洋的惊人的事实。海洋一度被认为是病毒的沙漠，但实际上海洋是病毒 DNA 构成的"肉汤"，世界上大部分病毒都聚集于海洋。和陆地的土壤环境一样，科学家发现，海洋中的病毒也基本都是噬菌体。

通过检测病毒 DNA 的方法，科学家推断，地球上病毒的总数量大约为 10^{31} 个。这个数量大约是整个宇宙恒星总数量的 1 000 万倍。如果你在地球上把每一个病毒一个一个地连接起来，那么产生的病毒链条将跨过月球，跨过太阳，跨过比邻星，跨过银河系边缘，跨过仙女座星系，一直延伸到 2 亿光年之外。

病毒核酸有单链 DNA（ssDNA）、双链 DNA（dsDNA）、单链 RNA（ssRNA）；双链 RNA（dsRNA）。只有疯牛病病毒的遗传物质不是核酸，而是蛋白质，即朊蛋白。疯牛病病毒是一种朊病毒，它是一种没有核酸的感染性致病因子，它在细胞中以两种形式存在，即细胞型和异常型。

RNA 病毒不同于 DNA 病毒。科学家早就知道还存在另一种不同形式的病毒，即 RNA 病毒，它们使用不同的分子作为基因。

DNA 是双螺旋结构，两个链上都有基因。当我们体内的基因转译出蛋白质时，DNA 就会复制出一个单链分子，即 RNA。在某些病毒中，RNA 取代了 DNA，承担起携带基因的任务。流感病毒就是许多 RNA 病毒中的一个典型代表。与噬菌体不同，RNA 病毒从不感染细菌。相反，它们会感染人类以及其他动物、植物、真菌以及原生动物，即所有被称为真核生物的生命。

科学家之前考虑病毒的总数量时，没有考虑到 RNA 病毒，所以说 10^{31} 个是不准确的。来自美国夏威夷大学的科学家们第一次估算了 RNA 病毒的数量，他们从瓦胡岛的码头上舀起大约 115 升的海水，然后通过一系列的过滤等操作步骤，提取出了海水里面所有病毒的 RNA。之后，科学家们测量出 RNA 总体的质量，基于一个病毒含有的 RNA 的平均质量，就可以估算里面有多少 RNA 病毒。结果是惊人的：海洋中大约有一半的病毒是 RNA 病毒。这可太奇怪了，因为 RNA 病毒只能感染真核生物，而海洋中的细菌数量（噬菌体的宿主）远远超过真核生物。不过，考虑到一个真核生物细胞产生的病毒要远远多于一个细菌所产生的病毒数量，这也就不难理解了。

如果这个研究是正确的话，那么地球上病毒的总量可能是 2×10^{31} 个，这样病毒链将长达 4 亿光年。不过，目前样本的数量才只有一个，科学家们需要在全球各地提取更多样本，才会得出更准确的结果。

四、亚病毒

在植物病毒中，亚病毒是指一类不具有完整病毒结构或功能的分子生物，于 1981 年由法国人 Lwoff 提出。

（一）类病毒

类病毒是指无外壳蛋白包被的小分子环状单链 RNA，单独具侵染性，能自我复制，致病或不致病。

菊花矮化类病毒可以使花朵的体积变小，颜色发生失色变化，如由红色变为淡红色。

1971 年，Diener 首次在描述马铃薯纺锤块茎病的病原时使用类病毒一词。之后陆续在一些植物中发现这类小分子核酸寄生物，如柑橘裂皮病、椰子死亡病、苹果锈果病等。

（二）拟病毒与卫星 RNA

在植物病毒中，有些病毒粒体内除自身的基因组 RNA 外，还包含一种小分子 RNA，它与病毒基因组核苷酸序列没有同源性，无编码能力，必须依赖其相关病毒（称为辅助病毒）才能侵染和复制。其中分子结构为环状的称为拟病毒，分子结构为线状的称为卫星 RNA（satellite RNA）。

目前已在许多病毒中发现有卫星 RNA 的存在，如 CMV 卫星 RNA 等。

（三）卫星病毒

卫星病毒是指在病毒基因组之外，依赖于该病毒（称为辅助病毒）活动的由核酸分子组成的亚病毒因子，并用自己的核酸编码外壳蛋白进行包装。它与辅助病毒一起侵入寄主植物，对侵染有加强作用。卫星病毒核酸的核苷酸序列与辅助病毒的基因组序列无同源性，因此卫星病毒与辅助病毒没有血清学关系。如烟草坏死卫星病毒、玉米白线花叶卫星病毒等。

五、病毒的利用与病毒病防治

人类利用病毒为自己服务有很多例子。

可以利用病毒防治有害生物。核多角体病毒可液化害虫的组织，在农业生产上可用于黏虫、甘蓝尺蠖等鳞翅目害虫的生物防治。该病毒对人、野生动物和益虫无毒。病毒杀虫剂利用无脊椎动物病毒寄生在昆虫活细胞内的特性，消耗昆虫细胞的营养导致昆虫死亡。病毒杀虫剂是 2012 年公布的微生物学名词，病毒农药属于生物农药，是用病毒作为农药实现抗病杀虫。

利用细菌病毒（噬菌体）寄生在细菌细胞内，消耗细菌的营养物质，导致细菌死亡的原理，用噬菌体消灭绿脓杆菌。

注射流行性乙型脑炎疫苗是将灭活的或杀毒的流行性乙型脑炎病毒注射到人体内，引起淋巴细胞产生抵抗流行性乙型脑炎病毒的抗体，抗体消灭病毒后，抗体仍然存留体内，以后流行性乙型脑炎病毒侵入时，抗体直接杀死流行性乙型脑炎病毒，人就不再患流行性乙型脑炎了。

病毒病的防治通常可以分为植物病毒病、动物病毒病、微生物病毒病防治。

让人想不到的是，即使一直生活在完全没有病毒的环境中，我们体内也有着无法抹除的病毒痕迹，这是来自古老病毒基因组的残余，约占人体基因组 DNA 的 8％。随着研究的深入，科学家们发现，这些来自病毒的基因残余，对于人体肝细胞的多能性及发育有着十分重要的作用。许多病毒在感染不同物种的同时，也把 DNA 片段在不同的物种间进行传递，为生物进化提供了新的遗传物质。

很多感染人的病毒来自动物：引起非典的 SARS 病毒的天然宿主是蝙蝠，果子狸是其中间宿主；引起艾滋病的 HIV 病毒来自猩猩。病毒在各物种间传播会促进病毒的进化。

非典、禽流感、中东呼吸综合征、埃博拉、寨卡、新冠病毒……人类遭遇过如此多的病毒，而这其中大多数病毒都来源于动物。人类不是世界的主宰，而是地球生态中的一员，人类应该与野生动物和平相处，既保护它们生存的空间，又防止它们携带的病毒外溢到人类社会，实现人与自然和谐共生。

思考题

1. 什么是病毒感染潜伏期？
2. 你对新冠病毒了解多少？新冠病毒怕冷还是怕热？
3. 什么是疫苗？为什么要接种疫苗？疫苗与抗体有什么区别？
4. 病毒为什么会变异？

第三章　导学导研研究培养学生科研能力与写作能力

科学研究总是在提出问题之后，不断地通过各种途径或方法来找到答案，以解决相应的问题。提出的问题并不是凭空想象的，而是基于学科并从相应学科的角度提出的明确且值得研究的问题。在科学问题的处理方面，至少应具有一定的独到性，且处理问题的方案能够成立或可行。因此，提出问题的水平与解决问题的水平就关系着科学研究的水平。教师在指导学生进行科学研究的时候，如何培养学生独立思考、发现并提出问题、解决问题的能力是值得我们深思的。

科技论文又称学术论文或科学论文，是对自然科学和社会科学领域进行研究、分析论证的文章。科技论文主要用于科学技术研究及其成果的描述，是研究成果的体现，它的运用可促进成果推广、信息交流、科学技术的发展。学习并掌握科技论文的写作要求，已成为当代社会科技工作者提高自身素质的重要标志。

为培养农科专业学生科学研究的创新设计能力和自我导向学习能力及提出并解决问题的能力，我们将双 PBL 方法引进到本科生和研究生的科研训练与论文写作中。根据不同学历层次的学生群体的差异，通过导学导研研究培养学生的科研能力和论文写作能力，以提高植物保护专业学生的专业能力。

第一节　本科生科研能力的培养

在竞争日趋激烈的今天，具有创新能力的人才在当今社会中具有巨大的优势。科研训练是培养本科生创新能力的重要途径和方法。高校是培养创新能力人才的主要阵地，而大学本科期间也是人才创新能力培养的关键时期。当前，越来越多的高校已认识到本科生科研训练是高校自身完善教育模式、丰富教育内容、提高教育质量的一项重要举措。

植物保护专业培养目标是为企事业单位提供能在现代农业及植物保护相关领域从事经营与管理、推广与开发、技术与设计等工作的复合型人才。在新时代背景下，社会经济的快速发展给高校学生们带来了各种发展机遇，但同时也带来了巨大的生存压力和竞争压力。人才竞争是现代企业间竞争的核心部分，所以企业在选人、用人时极为重视人才的自主创新能力。在实际的学生培养过程中，很大一部分学生只注重成绩和学分，虽然具备一定的理论知识，但普遍存在实践动手能力差、知识体系零散、与用人单位的需求脱节等问题，这是重理论、轻实践的培养方式导致的。虽然大部分高校都有校外实习的安排，但是受制于各种客观因素，学生无法较好地锻炼实践能力。植物保护等专业的教育注重理论与实践的结合，强调学生独立发现问题、思考问题、解决问题能力的重要性。因此，构建科学合理的科研训练体系，有助于拓展学生的专业知识领域，有助于开发学生的科研创新潜能。

一、本科生科研训练现状

本科生培养中将教学与科研有机结合起来被认为是一条培养创新人才的有效途径。然而，本科生限于自身专业知识、思维能力和操作技能等方面的不足，科研训练不同于常规意义上的科研，而是传统教学与科研的结合体。本科生科研训练实质是学生在指导教师的指导下通过实践研究，提高其专业技能水平和动手能力，培养学生的独立思考能力和创造力，提高发现问题、分析问题和解决问题的能力，增强创新意识。

目前，本科生的科研训练的形式主要有两种：一种是学生自行申报创新创业研究项目，由指导教师负责具体指导。另一种是学生参加指导教师的研究课题进行科学研究。科研训练的资金来源主要为政府或学校提供的专项基金、指导教师的科研项目以及社会企业提供的专项资金。

近年来，随着各大学人才培养目标的调整，让学生参加早期科研训练已成为国内外许多大学的共同做法。本科生科研创新创业项目的数量和参与人数逐年增加，但总体而言，目前我国多数高校对本科生科研训练的作用和地位的认识并不充分。

二、本科生科研训练存在的问题

长期以来，地方高校尤其是在经济欠发达的高校，由于受当地政治、经济、文化水平等的影响，本科生培养体系、师资水平、科研实力和人才培养资源等方面相对较为落后，甚至缺少本科生科研训练的基本条件。总体来看，虽然大多数地方高校能够结合自身优势与特点开展具有本地区特色的本科生科研训练项目，并取得一定成效，但仍面临着诸多问题。

（一）本科生课程体系与科研训练存在一定的冲突

在课程体系建设方面，由于地方学校招收的学生基础普遍低于国内重点高校，为保证学生系统地、扎实地掌握本专业基础理论知识，往往在培养方案制定时，设置的课程门数和学时数相对较高，在课程设置方面相对较为紧凑。以笔者所在的河南科技学院为例，本专业毕业生最少修读 165 学分。大一安排公共基础课，大二开始接触部分专业基础课，大三开始安排学习专业课与专业选修课。大四课程较少，但基本开始了专业实践、毕业设计训练等实践教学课程。这就导致本科生把绝大部分时间与精力投入到理论课程学习中，无法投入大量时间与精力用于科研训练的思考和实践。实际上，学生刚入学时因专业宣传以及好奇心而对专业学习产生了一定的兴趣，但经过两年基础理论知识的学习后，大多数学生习惯于教条式的课堂学习，逐渐失去对所学专业的好奇心和学习的积极性。即使在前期加入到了实验室的科研训练中，在后期由于课程任务繁重，往往会对开展的科研训练较为冷漠，浮于表面应付。

（二）指导教师的指导能力和责任心不足

本科生过早地参与科研训练，虽然具有好奇心和饱满的热情，但他们往往存在着理论知识欠缺、动手能力差等问题。因此，需要指导教师投入大量的时间与精力。而对于地方高校，尤其是一些以教学为主的高校，一线教师的教学任务繁重，难以投入大量的时间和精力用于指导本科生科研训练。因此，在学生的指导过程中往往会流于形式或者指派研究生具体负责。个别老师也往往存在着责任心不强的现象，在思想上没有重视本科生的科研训练。另外，学生选择指导老师的时候，往往会受到外界因素的影响而出现聚堆的现象，导致个别指导教师学生过多，指导精力不足。很多指导教师将其科研项目作为学生科研训练的内容，而不是学生结合自身兴趣去选题。因此，不能较好地发挥学生的主观能动性，达不到科研训练的根本目标。建立本科生科研训练导师队伍的培养、培训制度，建立良好的奖惩制度，是建好一支具有先进教育理念、扎实工作作风、丰富教学管理和科研经验导师队伍的必备条件，也是本科生科研训练的关键所在。

（三）科研训练经费不足

本科生科研训练的经费一方面可以通过申请项目支持，如国家级、省级、校级大学生创新训练项目等；另一方面可以依托指导教师的科研项目。对于地方高校，有经费支持的大学生创新项目数量和经费一般都比较少，此外，地方高校指导教师的科研经费也相对较少，无法满足大部分学生的科研训练需求。即使个别学生开展科研训练，也仅能开展费用较低甚至无须花费的调查等基础实验，对于那些花费较大、涉及一些农业前沿技术，如分子、基因等层次的实验则无法开展。科研训练经费支持不足等问题会大大降低学生科研训练的积极性，阻碍学生科研技能的提升。

（四）本科生自身因素

本科生作为科研训练的主体，自身也存在很多限制性因素。本科生毕竟不同于研究生，不能简单地当作研究生培养，两者之间不能直接画等号。与研究生专心搞科研、发表科研论文不同，对本科生而言，他们的主要任务是修学分、完成培养计划的所有课程。如果对科研训练重视不够，花费时间少，那么科研训练就如同形式，不能达到原本科研训练的初衷；如果像研究生培养那样，花费大量时间投入到科研训练中，便有可能耽误学业，导致不能正常毕业。所以如何协调好本科生在学业和科研训练之间时间分配，是关乎科研训练初衷能否实现的关键问题。

本科生自身还存在着对科研的认识不足、基础知识掌握不够、团队写作能力不强等问题。大多数学生刚接触科研时，没有真正地投入精力去了解科研训练的意义和实验操作技能，一旦遇到困难挫折或预期结果与实际不一致就容易退缩，影响科研的积极性。同时，本科生还处在专业理论基础知识的学习中，对较为高深的科研内容难以理解，很多时候学生对自己所做的研究一无所知，只是按照老师的实验方案机械性地操作，遇到问题不会自己思考解决，如此相当于只是培养了一个实验室操作工，无法提高本科生的科学素养，也就达不到科研训练的目的。此外，不论是大学生创新项目还是依托指导教师的科研项目开展的科研训练，都需要团队成员协作完成，这本身对学生的团结协作能力也是一个很好的锻炼。对于以上问题，指导教师应科学合理地制定本科生科研训练的实验计划，并加强对本科生科学理论素养的培养。

另外，本科生的实验安全也是一个问题。本科生未经过系统的科研训练，对于实验中的一些潜在危险没有充分认识。例如，危险化学品、有毒有害气体、高压设备等，若操作不当会引起人身伤害。此外，一些贵重仪器若操作不当易损坏，造成重大损失。因此，本科生在进入实验室前，教师应强调学生一定要严格执行实验室管理规定，做好安全意识和仪器操作使用培训，使其具有良好的科研实验规范。

三、本科生科研训练的实施方式

（一）实施本科生导师制，将科研训练贯穿整个大学生涯

导师制是为了帮助学生全面发展而实行的学生服务与支持体系，目的是倡导教师更多地参与本科生指导工作，发挥教师在学生培养中的主导作用和学生的主体作用，建立新型师生关系，全面提升学生培养质量。本科生导师制度在本科一至四年级学生中实施。导师主要从学业规划、职业规划、人生规划等方面给予学生指导性的意见和建议，促进学生综合素质的提高。

在本科生导师制的模式下，笔者所在的植物保护专业会在学生刚入学时依据教师和学生的人数比例来分配导师。导师在大学期间应对负责的本科生进行全方位指导，除了整体上对学生整个大学生涯规划提出意见与建议外，细节上还包括课程教育的督促、科研进展的引导，以及生活方面的关心和心理健康的辅导。在学生刚入学时，导师的主要任务是帮助本科生尽快适应大学生活，了解所学专业需要学习的基础课程以及必备的基本技能，从而使学生明确今后的学习目标和发展方向。在高年级时，导师可以根据每个学生的特点和兴趣方向，结合自身的研究课题，制订合理而可行的实验方案，指导学生独立完成实验内容，旨在培养学生的动手能力、开发学生的创新思维、提高学生的科研素质。本科生导师制的实行，不但能够针对学生的特点因材施教，而且使学生内化所学知识，锻炼分析问题、解决问题的能力，最终使学生的创新思维和严谨态度得到培养。

（二）依托大学生创新计划，培养学生创新思维

积极组织本科生自主开展大学生创新项目的申请，由学生自己选择感兴趣的课题，在专业教师的指导下，自主完成文献检索、资料查阅、项目设计、申请书撰写、经费预算、实验组织和实施、结项报告、论文写作与发表等一系列的科研训练流程，从而掌握项目研究的整个过程。依托大学生创新训练计划，开展以本科生为主体的创新性实验，激发并调动学生的创新思维和意识，从而使学生在

科研实践中逐渐掌握思考问题、分析问题和解决问题的方法，进而显著提高学生的创新思维和实践能力。

（三）重视本科毕业设计，优化人才培养过程

本科毕业设计面向全部本科毕业生，是对本科生四年学习成果的考验。作为本科生教育的最后考核，本科生毕业设计对培养学生的基本科研能力意义重大。在指导教师的指导下，本科生通过查找阅读文献、分析归纳并提出科学问题、提出解决问题的方法并设计好实验内容和方案、实施并完成实验过程，整理成文章，最后参与毕业答辩。与大学生创新训练计划项目不同，此时本科生已完成了全部的专业基础课程和实践课程的学习，具备了较为系统的专业认知。导师们只需要设计一个课题的方向或者大框架，根据学生的能力分成几个相互联系的小课题，分配给不同的学生来完成，如此便有利于培养学生之间的协作精神和团队意识。

四、本科生科研训练指导方法对比

（一）常规本科生科研训练

常规本科生科研训练主要还是通过指导教师的讲解，手把手教给学生实验操作技能。甚至有的学生在进入实验室后，可能直接被分配给高年级学生或者研究生，成为实验室里打下手的角色。虽然这种方式可能使学生更快地进入角色，掌握实验动手能力，但是总体来说，在这些传统科研训练方法下，研究生比较被动，没有主动学习的意识。往往是老师怎么说，学生就怎么做，至于为什么这样做、这样做的原因以及能解决什么问题等，学生并不清楚。处于传统的科研训练模式中的本科生常常具有一些特征，如缺乏求知动机和学习积极性、缺乏良好的学习习惯、满足于低层次的能力要求、习惯于机械式的学习策略、没有自主管理学习能力、严重依赖导师等。

（二）基于双 PBL 的本科生科研训练

将双 PBL 方法应用到导学导研研究中，也是一种构建科研训练学习过程的方法。学生自己接触科研项目后或者在导师的指引下

提出问题，从而为其解决现存的问题提供一种推动力，促使其在解决问题的过程中锻炼自我学习和创新的能力。其特点在于，学习者没有学习过解决某些问题的相关知识，但能通过对问题解决方法和相关知识的关注而引导自我学习。因此，提出待解决的科研问题，给学生提供了学习的初始推动力，能促使学生积极参与其中，用批判性的思维去探索并找到解决问题的方法。在问题的解决过程中，学生们便掌握了所涉及的知识，同时也掌握了动手操作的能力。通过该方法的科研训练，学生获取了综合的、可应用的和广泛的知识，自身理解能力和自主学习能力得到了提高，创新能力和团队学习能力也有所增长等。

五、本科生科研训练案例及解析

（一）案例背景及介绍

前面我们已经逐一讨论了本科生科研训练的基本情况。为此，我们以校级大学生创新训练项目"应用 DNA 条形码技术快速鉴定中国黑螵科稚虫"为示例，对其申请和实施过程作讲解。

大学生创新创业训练计划项目是教育部决定在"十二五"期间实施的国家级大学生创新创业训练计划。包括创新训练项目、创业训练项目和创业实践项目三类。

创新训练项目即本科生个人或团队在导师指导下，自主完成创新性研究项目设计、研究条件准备和项目实施、研究报告撰写、成果（学术）交流等工作。本科生可以申请参加国家级、省级和校级三个层次的大学生创新训练计划。大学生创新训练的申请一般要求以大一和大二学生为主，此时他们刚接触专业课程，对专业问题把握不够，面对问题也常常不知所措。因此有必要通过科研训练将学生所储备的知识转化成解决现实问题的能力。

（二）案例实施过程解析

本案例中，前期学校发布申请大学生创新训练计划的通知后，需要指导大学生创新项目的教师和学生见面，教师介绍自己的研究方向，由学生根据兴趣方向组队并选择指导教师。

团队组建后，指导教师首先提出了需要解决的问题，具体如下：黑蟌科是襀翅目中较大的科之一，而我国已报道的仅有 3 属 7 种。目前，国内外关于黑蟌科稚虫的研究资料甚少，个别属内甚至属间稚虫形态相似，因此用传统形态分类学方法对其进行物种鉴定难度较大。基于此问题，对相关专业知识进行了讲解。由同学们讨论分析并确定任务点，要求他们自主查阅相关文献，收集解决问题的方法。团队讨论后，最终确定了用 DNA 条形码鉴定技术来快速准确地鉴定物种。讨论后确定了项目的具体实施方案，由指导教师提出修改意见后，撰写申请书。

项目实施期间，分工合理，团队协作，在实验中不断修正，最终圆满完成了实验任务、撰写结项报告并结项。

以上实施过程，具体步骤如下。

步骤 1：指导教师在充分了解学生兴趣方向的基础上提出问题，并解释问题的背景和相关专业知识。

步骤 2：学生讨论分析问题，确定关键任务。

步骤 3：学生查阅文献，收集所有可能解决问题的实验方案，并确定优先顺序。

步骤 4：团队讨论选择合理的解决方案，并依靠自身知识规划详细过程。

步骤 5：指导教师根据学生的规划提出修改意见。

步骤 6：在团队中进行讨论并修改，指导教师确认无误后，撰写申请书。

步骤 7：项目申请完成后，明确团队成员分工，准备实验材料。

步骤 8：项目实施过程中，按照既定实施方案开展项目。

步骤 9：开展团队协作，并经常与导师沟通，根据实验结果及时修正实验方案。

步骤 10：项目完成后，由导师评估结果的准确性。

步骤 11：由学生撰写论文及结项报告。

以上科研训练的实行，能调动学生自主学习的积极性，使学生内化所学知识，锻炼分析问题、解决问题的能力，从而最终使学生的创新思维和严谨态度得到培养。

第二节　研究生科研能力的培养

研究生教育是高等院校中最高层次的学历教育。随着我国经济的发展，社会对高级人才的需求方向也有所转变。如何培养研究生的科研能力，适应新形势下高层次人才的职业需求，成为摆在教育工作者面前的重要课题。大学本科教育主要是传授专业基本知识、基本理论、基本技能；研究生教育主要是培养科研创新能力。研究生是科研能力培养的重要阶段。

在研究生培养的过程中，科研能力可分为发现问题能力、查阅文献能力、总结归纳能力、实验设计能力、组织实施能力、科研表达能力等多个方面。科研训练是提高研究生综合能力、创新能力的重要举措。目前，研究生科研训练的主要形式包括课程学习、参与课题研究、论文撰写、参与学术讲座与研讨会等。

一、科技文献检索

文献检索是指根据学习和工作的需要获取文献的过程。近代认为文献是指具有历史价值的文章和图书或与某一学科有关的重要图书资料，随着现代网络技术的发展，文献检索更多是通过计算机技术来完成的。

（一）文献检索基础

1. 信息、知识与文献　信息有广义和狭义之分，它是客观世界的存在经过大脑加工后展现的形式，如各类信号、消息、情报、广告等。而本质上，信息是客观事物的存在方式和运动状态的反映。

知识是人类认识的成果和结晶，是指人类对各种信息的加工深化。分为陈述性知识、程序性知识、显性知识和隐性知识。它可能包括事实、信息、描述或在教育和实践中获得的技能。

文献的概念更加专业，它是记录信息、知识的一切载体。文献记载到各种媒体上，之后保存或发布于各种媒体上，如期刊、图书、电子数据库等。文献由知识内容、信息符号和载体材料三个不可分割的基本要素构成。

2. 文献的主要类型　按照不同的划分方式，文献可被分成不同的类型。例如：按文献信息的物质载体形式划分，有印刷型文献、微缩型文献、声像型文献、电子型文献；按照文献信息的加工程度划分，有一次文献（原始文献）、二次文献和三次文献；按照文献信息的表现形式划分，可分为图书、期刊、会议论文、学位论文、报纸、科技报告、专利文献、标准文献、政府出版物、档案文献和产品资料等；按文献的著录方式又可以分为目录、题录、文献、索引等。这些划分方式也揭示了不同文献信息源的特点和表现形式。

3. 文献检索途径　根据文献信息资源的外部特征和内部特征，可确定文献信息检索途径，即检索点或检索入口。

通常，根据文献信息资源外部特征的检索途径有以下几种：①文献名途径，如书名、刊名、篇名、文献名等；②著者途径，作者、编者、译者等；③序号途径，文献出版时所编的号码，如报告号、专利号、标准号、文摘号等；④其他途径，如出版类型、出版日期、国别、文种等。

根据文献信息资源内容特征进行检索的途径有以下几种：①主题途径，即所需文献的主题内容，如主题索引、关键词索引等；②分类途径，按照学科分类体系查找文献；③其他途径，依据学科特有的特征检索，如分子式索引、环系索引、子结构索引等。

（二）科技文献检索方法

1. 分析检索课题，明确检索需求　分析检索课题的检索需求，主要包括所需信息的类型、语种、数量、学科范围、时间范围等。根据检索的需求来确定检索范围，如时间范围、学科范围、文献类型范围等。一般情况下，自然科学的课题检索时间范围可选择 3～5 年，社会科学的课题可选择 5～8 年，具体应按检索课题的时效性要求而定。

2. 选定检索工具，确认检索字段　正确选择与选题相关的数据库是检索成功的基础。除了要考虑手工或机器检索、综合性或化学专业性工具、中文或外文检索工具外，还要考虑工具的覆盖面、收录文献的质量及数量等。以植物保护专业相关的文献为例，本校文献资源平台上，涉及本学科文献检索范围的数据库主要有中文期刊数据库（知网、万方、维普等）、中文图书数据库（超星数字图书馆、超星书世界等）、外文数据库（SCI、SSCI、CPCI、EI 数据库、Springer 电子期刊、EBSCO 数据库等）。

检索字段也称检索入口，通常数据库所有字段均可以作为检索入口。其中，作者、作者单位、ISSN、发表时间、分类号等是揭示单篇文献外部特征的检索字段；而主题、题名、关键词、摘要、全文等字段则是揭示单篇文献内部特征的检索字段。

3. 确定检索途径　依据检索标识确定检索途径，如主题途径、作者途径、序号途径等。

4. 利用索引工具查出文摘号　按所查索引的使用方法，查出文献的文摘号。

5. 查出资料线索和文摘　依据文摘号查出文献的篇名、作者、文种、刊载文献的刊名、出版社、出版时间、该文献所在页码、文献摘要等。

6. 获取原始文献　依据文摘内容，记录文献出处，再利用相关工具书，查出刊名缩写的全称，通过查馆藏目录后到相关馆获取原文。若国内没有馆藏，可考虑到国外相关机构或出版机构复印。

（三）网络搜索引擎检索

随着计算机技术及网络技术的发展，网络信息检索越发重要。

目前，常用的中外全文搜索引擎有谷歌、百度、360 搜索、搜狗、必应（Bing）等。谷歌学术和百度学术搜索在中外全文的检索上应用非常广泛，是科研工作者十分有效的文献获取手段。此外，网络百科，如维基百科、百度百科、MBA 智库百科、互动百科、知网学术百科、360 百科等，也可满足不同层次互联网用户的信息需求。还可以通过文档分享平台来获取文献，国内比较典型的平台有豆丁文档、百度文库、道客巴巴、MBA 智库文档、新浪爱问共享资料、360 个人图书馆等。

（四）文献管理软件

文献管理软件是记录、组织、调阅引用文献的计算机程序，一旦引用文献被记录，就可以多次地生成文献引用目录，文献管理软件集文献的检索、收集、整理以及导入、导出功能于一体，帮助用户高效管理和快速生成参考文献。文献管理软件还有建立目录、搜索、排序、连接主文件、查找重复记录、引用、笔记等功能。常用的文献管理软件有 EndNote、NoteExpress、Mendeley 和 CNKI E-Study 等。

1. EndNote　EndNote 是科睿唯安公司旗下的一个著名参考文献管理软件（网址：https：//www. endnote. com）。主要功能包括：创建个人参考文献库，加入文本、图像、表格、方程式及链接等信息；能与 Microsoft Word 无缝链接，插入引用文献并按照格式进行编排；可在不同设备间同步文献和文献分组；在设置好 URL 路径后，使用机构账号可一键由题录获取原文等。EndNote 可支持极其复杂的引文和输出格式，并可以自定义引文格式，但对参考文献分类只支持二级分组，也不支持标签。

2. NoteExpress　NoteExpress 是北京爱琴海乐之技术有限公司的一款文献检索与管理系统（网址：http：//www. inoteexpress. com）。主要功能包括：创建文献管理库，智能识别全文，补充题录信息；能与 Microsoft Word 和金山 WPS 无缝链接，插入引用文献并按照格式进行编排；可在客户端、浏览器插件和青提学术软件间同步使用；内置期刊管理系统，添加文献时可自动调阅近五年期刊影响因子和中科院分区。NoteExpress 附有详细的期刊信息，支持多国语言版本，特别适合国内读者使用。

3. Mendeley　Mendeley 是爱思唯尔（Elsevier）旗下的一款文献管理软件，也是一个学术社交网络平台（网址：https：//www. mendeley. com）。主要功能包括：组织管理文献，将文献分类存储，可通过查找 PDF 全文定位文献，也可在 PDF 文档中做标记和注释；支持在 Microsoft Word 中插入引用文献；可在不同设备间同步文献和文献分组，在不同账号间分享文献和文献标注；可通过 Web Importer 从各种数据库中直接导入文献，也支持从其他研究软件如 EndNote 等导入；提供个人 Profile，建立学者实时交流与协作社区，通过此社区读者群统计数据了解个人文章影响力。Mendeley 的社区功能可以分享和讨论文献，但需要联网登录才能使用，有时会出现连接不上的情况。

4. CNKI E-Study CNKI E-Study 是中国知网推出的科研工具（网址：https：//x. cnki. net）。主要功能包括：组织管理文献，阅读及管理 CAJ、KDH、NH、PDF、TEB 等格式文件；对文献有用信息可以记录想法、问题和评论等笔记，支持将网页内容添加为笔记；支持在 Microsoft Word 中插入引用文献；通过知网账号同步，也可实现团队分享协作；与中国知网的资源库对接，用账号直接检索，下载全文；还具备在线投稿和写作功能。CNKI E-Study 是一款功能丰富的科研协作工具，但主要偏向于使用中国知网的文献。

此外，还有几款文献管理软件有特定的适用范围。如 Bibus 适用于 Linux 系统的桌面；JabRef 适合 LaTeX 用户；ReadCube Papers 主要面向 IOS 系统；医学文献王为医学专业定制。

二、科研训练在研究生科研能力培养中的作用

科研训练可以检验平常所掌握的专业知识的程度，还能够加快知识转化的速度，让研究生可以通过参与实践训练应用自身所学到的知识，思考问题的处理方式，并且实际应用。科研训练在研究生科研能力培养中的作用，主要体现在三个方面。

1. 科研训练是提升硕士研究生实践能力的有效方法 高校可以给硕士研究生提供优良的学习平台和提升专业素养的机会，让学生更清晰地意识到自身所掌握的知识、所具有的技能水平和实践需求间的差异，进而调动其学习积极性，丰富、扩展已有知识，使其有目的地学习新知识，不断优化与健全知识架构，不断提升整体素

养。为此，科研训练能够作为课堂教学的有益补充，把专业知识教学和实践能力教学相融合，为硕士研究生巩固专业知识、提升实践能力搭建了优良的平台。

2. 科研训练是提高硕士研究生知识与技能水平的推动力 科研训练为硕士研究生应用知识和检验实践能力创造了平台，辅助研究生把在课上所学习到的理论知识转化为实践知识，让其具有能够和实践有效结合的专业知识。另外，科研训练可以让硕士研究生看到真实的科研情境，可以亲自体验实际状况，进而消除疑惑，思考问题的处理方法。

3. 科研训练是培养研究生实践能力的有效举措 科研训练和专业知识学习同步进行，对于研究生创新能力、学术探究能力、知识实际应用能力的提升有不可忽视的价值。

三、研究生科研训练案例展示

我们以研究生大课题为例，对研究生科研训练的工作进程进行讲解。

典型的研究生科研大课题的工作进程有选题、准备、研究、总结四个阶段。

1. 选题阶段 需要通过文献检索获得初步信息，再进行调查研究，以验证文献检索获得信息的可行性。如果可行，可进行选题。选题阶段需要考虑几个问题。首先是课题的意义。如课题在理论上是否属于前沿、前人做到了什么程度、课题是否具有重要的实际意义、实际中存在什么问题、课题是否可持续发展等。其次，我们要认识到对于所选的课题是否有必备的实力。比如，人力基础，这涉及负责人的知识和能力以及队伍的实力和结构；还有物质基础，包括软硬件条件以及获得资助的渠道和可能性。

通常，硕士生的选题由导师给定内容，一般是一个大课题中的子课题。博士生的选题，在导师给定的大范围内独立地提出研究内容，由导师审定。

2. 准备阶段 通过文献检索、文献粗读和细读来弄清课题的意义和背景、前人研究的问题和方法，可依此写出文献综述，制订自己的研究计划，进而完成开题报告。文献检索宜做较宽范围的检索，不能只看 3~5 篇文献草草了事，应先粗读 15~20 篇文献，重点审读摘要、引言和结论，弄清意义和背景，解决做什么、怎么做和做后的效果问题，涉及不会的东西有的可以暂时不管。细读是在导师指导下确定少数文献全文阅读，弄清楚技术路线的大部分细节、弄清楚哪些问题没有解决好，涉及不会的知识需要自学补习。

通过准备阶段，锻炼研究生独立学习、分析和概括的能力。即在阅读时要具备怀疑精神，以培养抓住核心、去粗取精、分析辨别和评判、概括归纳和综合的能力。最终掌握所研究领域的系统深入的专门知识。

3. 研究阶段　这是研究工作的主体阶段，需花费大量的时间和精力，也是体现创新的主体阶段。对于实验性的研究，需准备实验材料、搭建实验平台。同时，也需要有扎实的实验技术知识和实验动手能力。在研究中，着重培养研究生实事求是、追求真理、坚韧不拔的品质，以及培养其怀疑精神、创新精神以及合作精神等。

4. 总结阶段　包括学术报告、撰写学位论文、答辩等过程。培养学生撰写科技文章的能力以及宣讲表达的能力。在学位论文的撰写中，要掌握写作规范。不能等全部研究工作完成后再撰写论文，在每一阶段工作完成后都要写阶段总结，这些都可以成为未来论文的素材。在研究工作结束前，提出论文的总体布局，在研究工作的后期，论文的撰写可以和研究工作搭接进行。撰写论文时，要注意语言应简洁明确，要将自己的工作和前人的工作鲜明地区分开来。此外，应重视对参考文献的引用等。

第三节　科技论文概述

科技论文是学术论文中的一类，是自然科学学术论文的总称。

科技论文撰写是在科学研究和科学实验的基础上，对自然科学和专业技术领域里的某些现象或问题进行专题研究、分析和阐述，以揭示出这些现象和问题的本质及其规律性。科技论文主要用于科学技术研究及其成果的描述，是研究成果的体现，它的运用可促进成果推广、信息交流、科学技术的发展。

科技论文与其他文体文章的主要区别：科技论文的研究主题相对来说更为鲜明、专业，无论是社会科学的问题，还是自然科学的问题，都可以成为专题论文的研究主题；无论是与实践密切相关的应用科学，还是抽象思维特性突出的基础研究，均可容纳和兼论不悖。科技论文的研究更加深入，它不停留在运用现成的观点和原则对客观事物作一般的论述和评价的层面上，而要求科学地描述和揭示客观事物的本质和规律，得出具有创造性的结论。

一、科技论文的特点

科技论文是通过文字表达记载科学研究成果的重要形式。但有了好的成果并不等于有了好论文。科技论文写作必须做到科学性强，有一定的实用价值，条理要清楚，文体要符合一定的规范。因此，科技论文有以下几个鲜明的特点。

1. 科学性　科学性是科技论文的生命，要求论文的论述确切，言而有据。科技论文的科学性主要表现在三个方面。

（1）在内容上，科技论文所反映的科研成果是客观存在的自然现象及其规律，是被实践检验的真理，并能为他人提供重复实验，具有较好的实用价值，即论文内容真实、成熟、先进、可行。

（2）在书写形式上，科技论文结构严谨清晰，逻辑思维严密，语言简明确切，对每一个符号、图文、表格及数据，都力求做到准确无误，即论文表述准确、明白、全面。

（3）在研究和写作方法上，科技论文具有严肃的科学态度和科学精神，不肆意夸大、伪造数据，谎报成果，甚至剽窃抄袭，也不因个人偏爱而随意褒贬，武断轻信，不弄虚作假，篡改事实。

科技论文必须具备科学性，这是由科学研究的任务所决定的。科学研究的任务是揭示事物发展的客观规律，探求客观真理，为人们改造世界提供指南。无论自然科学还是社会科学，都必须根据科学研究这一总的任务，对本学科中的研究对象展开深入的探讨，揭示其规律。这就要求科技论文必须具备科学性，绝不能违背客观规律。

2. 创造性　衡量科技论文价值的根本标准就在于它的创造性。如果没有新创造、新见解、新发现、新发明，就没有必要写论文。因为科学研究的目的就在于创造。创造性大，论文的价值高；创造性小，论文的价值低；论文没有创造性，对科学技术的发展自然没有什么作用。总而言之，只要有所创造，就体现了科学研究的价值。科技论文的撰写，实际上是把人们的创造性劳动有效地表现出来，使之能推动科技的发展。

3. 学术性　所谓学术性，更多地强调作者的观点、见解、主张、学识。科技论文侧重于对事物进行抽象的概括或论证，描述事物发展的内在本质和规律。因而表现出知识的专业性、内容的系统性。所以，科技论文在材料、语言方面具有专业性，在内容上基本限制在所研究的范围之内。同时要求读者应具有某一方面的专业知识。

4. 实践性　科技论文既要对客观事物的外部直观形态进行陈述，又要对事物进行抽象而概括的叙述或论证，也要对事物发展的内在本质和发展变化规律进行论述。所以，论文中的客观事物不像记叙文中那样完整、具体、形象，而是按照思维的认识规律被解剖、抽象地反映。除此之外，科技论文的实践性也表现在它的可操作性和重复实践验证上，以及论文叙述内容的广泛应用前景上。

二、科技论文的分类

科技论文是科学技术研究成果的书面表达形式，是科学技术的真实描述和客观存在的自然现象及其规律的反映，具有科学性、学术性和创新性。根据论文写作目的的不同，可以将科技论文分为研究报告和学位论文两大类。

研究报告是科技论文中最常见的一类，即各学科领域中专业人员或非专业人员科研成果的文字记载。这类论文刊载在专门的学术刊物上，常有针对性地阐明问题，总结前人科学研究成果，提出个人的创新见解，以促进科学事业的发展。这类论文一般要求应写得简练、概括，对有创新性的观点突出论述，对研究过程可简略描述或不描述。从研究报告的写作目的及其内容特征来看，又可把这类论文细分为学术性论文、技术性论文和综述性论文三种。

学位论文是本科生、研究生毕业时，或申请学位的同等学力人员必须撰写的作业，所以也叫毕业论文，包括学士论文、硕士论文、博士论文等。它是表明作者从事科学研究取得创造性结果或有了新的见解，并以此为内容撰写而成的，作为提出申请授予相应的学位时评审用的学术论文。

三、科技论文写作的意义

1. 撰写论文不只是文字表达，论文质量的高低也不仅仅取决于作者的文字水平，而是与作者的思维能力以及科学研究方法息息相关　科技论文写作是科技工作者进行科学技术研究与开发的延续，是研究成果的深化和整理，也是科研工作的重要组成部分。

2. 科学技术研究是一种十分复杂的思维活动　通过写作来记录思维的进程，开拓思维的深度和广度，对于研究工作尤为重要。科技论文写作并不仅仅是简单地把科学研究中已经取得的思维成果用文字等书面符号表达出来，其本身就是科学研究的思维过程。

3. 科技论文写作是总结、交流、传播、普及科技成果的必要手段，是将先进的科学技术转化为生产力的重要媒介　纵观历史上许多重大的科学技术和创造，无不是吸取了前人的科技成果。如果没有科技写作和交流，就无法吸取别人的先进经验而研究出更高水平的科技成果。

第四节　学术性论文的写作及案例分析

学术性论文是研究报告的一种形式，这类论文刊载在专门的学术刊物上。它是对某个科学领域中的学术问题进行研究后表述科学研究成果的理论文章。学术性论文的写作是非常重要的，它是衡量一个人学术水平和科研能力的重要标志。

一、学术性论文的写作

学术性论文和其他的科技论文写作一样，它们与文艺创作的不同之处在于它的严肃性、规范性和真实性。学术性论文的写作有其特殊要求和规范形式。然而，不同的期刊在要求上也有一定的区别。学术性论文的写作程序可分为以下几部分。

（一）文献查阅与构思

学术性论文是作者对科技成果认识上的总结和提高，是作者对论述的主题内容认识的重要升华。在学术性论文开始写作前和写作时应有充分的写作准备。

论文撰写的素材是论文撰写的基础。论文在撰写之前，需要了解所做方向的研究历史和现状，只有对该研究方向有了充分的了解，才不会出现与别人的发现、见解类似或重复的现象，更不会出现将前人早已经否定过的错误观点当作正确结论加以发表等情况。

通过查阅大量的文献来搜集相关素材，这是了解相关课题的历史沿革和现状的必要方法，它是课题研究的基础，是创新的依据。通过与前人工作的比较，作者自身通过理论探索、实验、观察、调查、分析对照等方法获得新成果，并且经得起理论和实践的检验。这些新成果才是撰写论文的核心。通过论文展示出来，才能使读者了解到论文的新意所在。

查阅文献获得写作素材后，对所有的材料进行全面整理、分类，使其系统化、条理化，在此基础上进行思考。完成对论文总体内容、中心论点、论文结构和论证结论等诸方面的构思与确定。通过构思可以明确主题、理清思路，进而选择材料、确定框架，这样才能撰写出一篇优秀论文。

（二）论文草稿的撰写

论文草稿的撰写是把构思写成论文的过程中最主要的一项工作，在整个学术性论文写作过程中具有决定性的意义。通过草稿的撰写，可以把作者的构思具体化。虽然是草稿，但它也要求作者积极思考，深入研究，从内容到形式不断进行琢磨。在学术性论文草稿的撰写过程中，需要把握以下几个方面。

1. 紧扣主题，突出中心　论文写作的主体一旦确定，就要以它为中心，在论文结构安排、材料选取等方面都要以主题的论述为依据，语句的选择和语言的描述都要对标主题，否则写出的论文就会跑题，给人杂乱无章的感觉。

2. 论点鲜明，论述有理有据　科技论文围绕着科学问题，通过实验论证，最终来解决该问题。学术性论文的主题也因此而定。对于论文主题内容的论述，必须以鲜明的论点和充分的论据为依据而展开。

3. 结构完整，全文贯通　学术性论文的写作要求各部分逻辑联系紧密，全文贯通，段落完整，语句连贯，上下段落之间要有连接，使文章承上启下、前呼后应。

4. 表达准确，语言简练　准确是一切学术论文语言表达的第一要求，包括事实准确、数据准确、引文准确等，还要做到用词恰当、语义明确、句意严密、格式规范等。论文的语言要简练明白，力戒浮词套语，重复累赘。

（三）论文修改

论文是研究成果的反映，在从不准确、不恰当到比较准确、恰当的转变过程中必然有一个修改的环节。因此，论文修改是论文完善的必然阶段，修改贯穿整个写作过程。例如，在前期构思阶段，需要不断地修改打磨，才能确定主题。草稿写作中的修改是不断思索、斟酌、推敲的阶段。初稿完成后的修改是在初稿的基础上逐字逐句审读。自己修改完后还可以请他人协助修改，如在外文论文写作中，必要时还需要请他人协助修改句式、语言等。

二、学术性论文的构成

科技论文包括科学技术相关学科的毕业论文、学位论文，是一类不同于其他记叙性作品的特殊文体作品。这类作品的书写格式有着科学的、规范化的要求，称为科技论文的规范形式。按规范形式撰写的学术论文，应该由前置部分、主体部分、附录部分和结尾部分四大块构成。对于学术性论文，其内容比较单一，篇幅比较小，阐述层次较清晰，在大多数情况下并不需要列多张图示，无须增列附录等。但一般由标题（Title，必要时可增列副标题），作者（Authors），单位（Affiliations），摘要（Abstract），关键词（Keywords），引言（Introduction），材料和方法（Materials and Methods），结果和讨论（Results and Discussion），结论（Conclusions），附录（Appendix，可省略），致谢（Acknowledgements，可省略），参考文献（References）构成。

（一）标题

标题又称题目。每篇论文首先映入读者眼帘的是该论文的标题。人们从文摘、索引或题录等情报资料中，最先找到的也是论文的标题。论文标题拟定时应遵循以下要点。

1. 用词切题，题有创意　题目要能直接体现文章的宗旨，必须与内容相吻合，要把研究的目的或所研究的某些主要因素之间的关系，用含义明确、实事求是的文字恰当而生动地表达出来，以引起读者阅读这篇论文的兴趣，给读者留下深刻的印象。因此，文要切题，题要独创。标题要避免使用笼统、空泛、冗长、模棱两可、夸张、华而不实以及与同类论文相雷同的字眼。

2. 文字精练，含义确切　论文的标题，文字要简练，含义应确切。标题要能把全篇文章的内容、研究的主要目的或是所研究的某些因素之间的关系确切而生动地表达出来。一般先拟定试用标题，待论文写成后再重新考虑确定标题。

标题要居中书写。两行标题时，上行题字要长于下行题字，并选择恰当处回行。标题的长短按照不同论文的内容而定，一般以不超过 20 个字为宜。标题不允许用缩写词，也不能用所从事研究的学科或分支学科的科目作题目。标题中尽量不出现标点符号。

3. 层次分明，体例规范　论文的标题可由多个部分组成。一是总标题，它是标明论文中心内容的句子，一般来说，论文的标题可作为论点。二是副标题，即进一步对总标题的内容说明或补充的部分，一般在总标题不能完全表达论文主题时采用，以补充论文下层次内容。主副标题用破折号来区分。主标题和副标题相互补充，主标题重在提示意蕴，副标题重在概括事实。

（二）署名

署名是作者对论文拥有版权或发明权的一个声明。同时，它有利于读者同作者进行联系。论文的署名，不但是对作者劳动和创新的尊重，而且表示文责自负，还为日后成为文献资料，便于索引、查阅提供了必要的依据。署名应实事求是、不能弄虚作假。

论文中关于谁应署名和署名的顺序要谨慎对待。于个人研究成果基础上撰写的论文，可单独一人署名；于集体研究成果基础上撰写的论文，应多人共同署名。署名者应该是直接参加全部或主要论文课题研究工作、做出主要贡献、能对论文负责的人，并按实际贡献大小排列名次。对于只按研究计划参加过部分具体工作、对全面工作缺乏了解的某一实验的参加者，不应署名，但应在附注中明确他们的贡献和责任，或写入致谢中。

（三）单位

论文署名还有一个责任，即方便与同行、读者研讨与联系，这便有必要写明作者的身份（如必要时）、工作单位和通信地址。因此，作者的工作单位和通信地址是论文构成的必要项目之一。工作单位和通信地址是为交流、联系服务的，因此在叙述准确、清楚的前提下，应尽量简单明了。

（四）摘要

摘要也称内容提要，是科技论文的组成部分。它是对论文内容的概括性陈述。摘要内容一般包括研究目的、研究对象、研究方法、研究结果、所得结论、结论的适应范围等内容。摘要应避免使用第一人称，而用第三人称。摘要的字数因杂志不同会有所不同，科技论文摘要一般以 200～300 字为宜。

为了扩大学术交流，国内外公开发行的科技期刊上发表的论文，除中文摘要外，一般都应有英文摘要。科技期刊的英文摘要，其内容与中文摘要基本相同，通常写在中文摘要之后，但有的期刊也可以放在"参考文献"一节之后。

（五）关键词

关键词是指从论文的题目、正文和摘要中抽选出来的，能提示（或表达）论文主题内容特征，具有实质意义和未经规范处理的自然语言词汇。主要用于编制索引或帮助读者检索文献，也用于计算机情报检索和其他二次文献检索。关键词可以是名词、动词或词组，可以从论文标题中选取，也可以从论文中选取。目前，许多科技学术期刊要求作者在中文摘要后附 3～8 条中文关键词，在英文摘要后附上对应的英文关键词。

（六）正文

正文是论文的主体部分。科技论文的正文由引言、方法或实验过程、结果和讨论三部分组成。这三个组成部分各起不同的作用，三者互为一体、相互呼应、相辅相成。

1. 引言　引言也称前言、导论、导言、绪言、绪论等。有时在正文中并不标明"引言"这一标题，但有相关的一段文字，起着相同的作用。引言是论文整体的组成部分，它的作用是向读者初步介绍文章的背景和内容。引言的内容通常有如下几个方面：与课题相关的研究背景、前人研究进展、本研究要解决的问题、论文的规划和简要内容、研究中的新发现、本课题研究的意义等。

引言在写作时，应力求言简意赅。只需要把背景情况、研究进展与思路等说清楚即可，无须把应该在正文中交代的内容提前到引言中叙述。同时，引言切勿与论文摘要雷同，也不要把引言变成摘要的注释。

2. 方法或实验过程　实验过程部分是科技学术论文的核心组成部分。实验过程的任务是分析问题和解决问题，是运用作者掌握的材料与方法进行实验论证、得出结论的部分。

3. 结果和讨论　在这部分列出实验数据和观察所得，并对实验误差加以分析和讨论，运用数理统计等对实验数据和结果进行必要的处理。有时需要对数据进行换算，但无须列出全部运算过程。实验数据需要整理，但不是全部实验数据的堆积。应该强调，必须做到科学地、准确地表达必要的实验结果，摒弃不必要的部分。在上述内容的表述中，为了达到言简意赅的效果，通常用表格、图示、照片等表达实验数据或观察记录。列入文中的表、图和照片应是经过精心挑选的、能说明问题所最必要的，无须将作者实验所得的全部都收编入论文。

（七）结论

结论是论文要点的归纳和提高，因此结论既不是观察和实验的结果，又不是正文讨论部分的各种意见的简单合并和重复。只有那些经过充分论证，能断定无误的观点，才能写入结论中。如果研究工作尚不能导出结论，便不要写入结论。

写结论时，对结论的结果应进一步思考，使认识深化；可以用别人已有的结论、方法做进一步验证和比较；要防止由于主观片面而得出绝对肯定或绝对否定的结论；结论可以引用一些关键的数字，但不宜过多；不要在结论中重复讨论细节，不要评述有争议的各种观点。

（八）附录

附录是论文中不便收录的研究资料、数据图表、修订说明及译名对照表等，可作为附件附于文末，以供读者查考和参阅。附录是论文的组成部分之一，是正文的注译和补充。但附录并非是科技论文构成的必需部分。可要可不要的附录以不列出为宜，在合适处做简短的相关说明即可。但对于一些完整的、篇幅庞大、相关符号等较多的学位论文，应列出附录。

附录主要内容包括专业术语的缩写、度量衡单位符号、化合物代号、实验测得的原始数据、有代表性的计算实例的有关数据、图谱等资料。附录的作用是给读者提供有启发性的专业知识，帮助读者更好地掌握和理解正文内容。

（九）致谢

致谢针对的是提供实质性帮助和做出过贡献的单位和个人。科技论文后所附致谢一般写得简短、中肯且实事求是。但学位论文，由于其篇幅巨大，工作系统且创新性强，致谢的篇幅相对比较长，包括对导师的感激，对父母、伴侣、同学在完成工作过程中给予的支持等。在毕业论文致谢中，可保留感情方面的谢词，但宜实、宜简练，切忌以此来渲染自己的荣誉。

（十）参考文献

学术论文后列出参考文献的主要目的：一是反映出真实的科学依据，便于查阅原始资料中的有关内容；二是体现严肃的科学态度，区分自己的观点、成果及别人的观点、成果，以对前人的科学成果表示尊重；三是有利于缩短论文的篇幅，并表明论文的科学依据。为避免文后参考文献著录和文中引用参考文献的不规范性，科技论文写作应参照《参考文献著录格式》（GB/T 7714—2015）中的有关规定。

三、学术性论文解析

（一）论文背景介绍

前面我们已经逐一讨论了科技论文的写作方法及其要点。为此，我们选择一篇发表在动物学杂志 *Zoologica Scripta* 上的论文为示例来对照一下其写作特色及其规范性，以加深理解。

Zoologica Scripta 是由美国的 Wiley 出版商出版的国际性学术期刊（印刷版 ISBN 为 0300－3256；电子版 ISBN 为 1463-6409），是公认的动物学经典期刊。主要发表动物系统学和系统发育方面的论文，即研究分类群之间的进化关系以及生物多样性的起源和进化。该杂志为双月刊，2022 年 JCR 分区为 Q1，中科院分区为生物学大类二区 TOP，影响因子为 3.185。该示例论文全文可在

期刊网站上开放获取（http：//onlinelibrary.wiley.com/doi/epdf110.1111/zsc.12468）。

（二）论文解析

首先，让我们来看一下该论文前置部分的写作方法和特点。

该论文的前置部分与本书讲述的要求吻合，即由标题、作者署名、作者单位标注、论文摘要和关键词五部分组成。

该论文的标题中列出了该研究论文使用的方法、结论和测定对象等要素，标题简洁、清楚、准确。

论文的作者有 6 人，署名准确、清楚。由于论文的六位作者分属于 4 个单位，故分别标注。文中列出了 6 位作者所在单位名称、部门、城市和国名，表述准确，符合规范要求。同时，按照出版刊物的要求，加注了通讯作者的电子邮箱、地址。

按照该出版刊物的传统，加注出收稿日期、修订稿收到日期和接受稿件日期。该刊物从收稿到正式受理并发表的周期接近 3 个月，可供投稿者参考。

论文摘要是论文前置部分中重要的组成部分，要求完整地反映出论文内容中表达的核心信息，而又必须控制文字的篇幅，不同的刊物常常还会具体规定摘要文字篇幅。本论文摘要部分介绍了研究对象及存在的问题、解决问题的方法和结论等内容。本论文的摘要在内容表述和篇幅控制两方面比较均衡。

该论文共选列了 5 个关键词，1 个选自标题中的研究对象，3 个来自本研究要解决的与研究对象有争议的近缘科，1 个来自论文中所解决问题采用的技术手段。

该论文的正文部分，同样由引言、材料和方法、结果、讨论四大部分组成。在此，分别对其写作形式进行讨论。

第一部分的引言从介绍蜜蜂总科的分类情况说起，介绍了蜜蜂总科内几个科的系统分类地位及它们之间的系统发育关系存在的争议性问题。引入线粒体基因组在昆虫中的研究情况及其在解决系统发育关系问题方面的有效性。随后介绍了本研究的基本情况。

该论文的第二部分即材料和方法部分，是论文核心依据的交代。这部分分别阐述了实验过程和实验方法中使用的标本情况、DNA 提取测序及序列组装、比对和系统发育分析等。标本部分交代了样本来源、采集情况、坐标、保存方法等；DNA 提取测序部分交代了试剂的生产公司、提取和测序方法等，叙述严谨、完整；序列组装、比对和系统发育分析部分详细介绍了所用的软件、参数设置等，内容详细而严谨，完整地重现了整个实验操作的流程。

该论文的第三部分是结果部分。这部分叙述了序列比对结果、进化模型的选择以及系统发育关系结果，并分别以图和表的形式做出介绍。这样的表述方式既简明扼要又有说服力，是科技论文写作中最常用的方式，值得推荐、模仿和学习。

该论文的第四部分是讨论部分。该部分对系统发育关系结果和前人的研究做了对比，并对与前人研究不一致的地方进行了深入的讨论。

然后是致谢部分。对标本采集地的允许采集进行了感谢，对 Fischer 在测序方面的帮助表示感谢等。

参考文献是本论文的结尾部分，也是科技论文不可缺少的部分。该论文共列出了 33 条参考文献，这些参考文献的表现形式与前文中叙述的要求并不完全一致。该参考文献是按照杂志自己的格式来写的，跟前文提到的国标有一些区别，如不要求以 ［M］ 或 ［J］ 来标注文献的性质等。尽管如此，这些参考文献表述的要素还是一致的，即都涵盖了作者、题目、发表年份、卷、期、页码等信息。

第五节　毕业论文的写作及案例分析

毕业论文也称学位论文，是科技论文的一种重要形式，是作者从事理论研究取得了创新型的成果或者有了新的见解，并以此为内容撰写而成。毕业论文应能表明作者已掌握了本学科的基础理论和专门知识，并具有独立从事理论研究工作的能力，在理论研究方面能够形成创新性成果。

一、毕业论文的分类

为了进一步探讨和掌握毕业论文的写作规律和特点，需要对毕业论文进行分类。由于毕业论文的作者学历层次不同，毕业论文有不同的分类方法。另外，论文本身的内容和性质不同，研究领域、对象、方法和表现形式也不同。

按照学历层次的不同可以分为学士论文、硕士论文、博士论文等；按照内容性质和研究方法的不同可分为理论性论文、实验性论文、描述性论文和设计性论文。文科生一般写的是理论性论文，后三种主要是理工农科高校学生常选择的论文形式。植保专业学生以实验性论文为主，是以实验结果为依据来验证论点的准确性或解决所提出的问题。

二、毕业论文的选题

在正式撰写毕业论文前，要先选题。无论是本科生毕业论文还是研究生毕业论文，选题应该建立在长期科研的基础上。由于本科生的培养主要是以学科专业知识理论的培养为主，并未对本学科或领域的某个问题进行科研，所以本科生论文选题一般以导师指定为主；硕士和博士研究生的选题，大多是在课题研究的基础上，针对某一问题而提出。通常，毕业论文的选题要做到以下几点。

（一）选题要方向正确、要有新意

选题要有正确的方向，要选择具有现实意义的题目。对于植保专业的学生，如果是基础研究，那么选题应聚焦前沿、独辟蹊径，也应鼓励探索、突出原创。如果是应用型研究，那么选题应敢于涉及生产实际中存在的实际问题，要深入研究、分析，探讨解决的办法。避免"吃剩饭""炒老"等问题，只有这样，才能写出新意，才能对工作学习提供指导和帮助，才能达到学以致用的目的。

选题要有新意，如果题目都是老面孔，就没有什么意义了。好的毕业论文都体现着一定的创新性。毕业论文的价值就看其是否具有创新性。这种创新性，要求对前人已有的结论不盲从、不迷信，而是善于独立思考，敢于补充和纠正前人的见解，综合前人的成果，敢于否定那些过时的结论，敢于涉及那些还没有被人们认识的领域，敢于提出自己的见解。

（二）选题要符合专业、难易适中

选题应紧扣所学专业，选取与自己所学专业紧密联系的问题。国家对本科生和研究生的培养方式和目标是不一样的。本科生是按照大类培养的，本科生论文只要求基本学会综合运用所学知识进行科学研究的方法，对研究题目有一定的心得体会就达到了学士学位的要求。而研究生则不同，研究生有具体的专业，至少应该在二级学科之下进行培养。所以，研究生的论文应当突出专业方向特色。因此，我们要以所学的专业理论、知识所包含的内容为选题依据，选题不能超出这个范围。

选题要把主客观要求和条件有机统一起来加以考虑，难易要适中。例如，在客观要求上，我们应该明确本学科目前的学术理论水平状况、学术问题、争论的焦点等。在主观条件方面，应该明确个人对哪些兴趣大，在一系列问题中对哪一问题比较关注、比较熟悉，哪些问题的前沿知识比较多。只要把主客观因素考虑好了，脑子里就不难出现一个或多个比较明确、大致可取的目标。之后，我们再从难易程度对这些目标进行比较，思考哪个最符合客观要求、最适应主观条件。这样，就容易把握论文题目的恰当高度。

（三）选题要小处着手、深度挖掘

写好毕业论文，选择从哪个方面入手是写作要掌握的关键。因为选题不可能囊括三年来所学的全部知识，也不可能囊括某个学科的全部基础知识，甚至是某一基本问题的全部内容。所以，我们在选题时，只能论述某一基本问题的某一侧面。论文的题目可以小一些。角度小，涉及的面自然就会窄一些，这样容易把问题说深说透。应避免题目过大，因为题目过大，要写得丰满充实就比较困难。

对小题目的论述，我们的挖掘要深，理论要有高度，篇幅要有分量，要善于把研究对象置于广阔的背景下，通过纵向的发展与横向的对比及多层次、多角度、多方面的分析与论证来揭示事物的内部联系与本质特征，即规律性。从很小的一个问题逐步深入挖掘，实际上也是一个逐步深化认识和研究、使思考系统化的过程。工作应一步一步地前进，深入挖掘下去，但有时会出现看不到全局的危险。因此，在考虑论文的整体结构时，需要用全面的眼光去俯瞰全局。在写作过程中，需要有严谨的逻辑步骤，要写出能够让人们理解的论文。总之，挖掘要深，就是要善于通过各种现象和表象的观察与分析看本质，揭示事物的发展规律。只有将道理讲深讲透，才能有独特的发现和独到的见解，自己的观点与方法也才能被别人所接受，才能有益于科学的发展和社会的进步。

三、毕业论文的写作

毕业论文的写作要做到以下几点：观点正确、突出，主题明确，层次清楚，段落分明；材料可靠、充分；分析详略得当；论据充分，论证严密，结论科学；语言准确、简练、生动、形象等。

无论是本科生毕业论文，还是硕士生、博士生毕业论文，毕业论文的写作程序大都遵循以下流程：反复阅读自己的材料，提炼所论述的观点；精心编写提纲并安排结构；执笔起草行文；修改，定稿；接受校方的毕业论文检测。与学术性论文写作相似，毕业论文的写作流程总体上都包括构思论文、拟定写作提纲、起草初稿、修改论文、接受指导、论文检测等方面的内容。

和学术性论文不同的是，撰写毕业论文的全过程都是在导师的指导下完成的。每篇毕业论文指导次数一般在五次以上，导师需要对选题、研究方向、写作提纲、理论观点、逻辑结构、文字材料和篇幅字数等环节认真把关。同时，学生需要认真填写好指导记录过程，导师也应做好论文的评阅工作，整个指导过程一般都需要装入毕业论文档案材料。

此外，毕业论文完成后还需进行论文检测。学术性论文根据期刊要求，有的也会进行查重，有些期刊并未做要求。但毕业论文必须严格执行论文检测。国内的学位论文一般采用知网或维普的论文检测系统，大部分高校要求整篇论文复制比例不超过 30%。只有通过了论文检测，才能进行论文答辩。

四、毕业论文的构成及案例分析

毕业论文与其他科技论文一样，应该由前置部分、主体部分、附录部分和结尾部分四大块构成。相比于学术性论文，毕业论文具有篇幅庞大、图表较多、形式规范等特点。下面我们分别以河南科技学院本科生和硕士生毕业论文为例，对其格式和写作要求进行分析。

（一）本科生毕业论文的构成及案例分析

本科生毕业论文一般包括标题、摘要、目录、正文、参考文献、附录、致谢等内容。我们以河南科技学院本科生毕业论文内容及要求为例，对各部分进行分析。封面示例如下。

河南科技学院

XX 届本科毕业论文

题　目

学　号：＿＿＿＿＿＿＿

姓　名：＿＿＿＿＿＿＿

专　业：＿＿＿＿＿＿＿

学　院：＿＿＿＿＿＿＿

指导教师：＿＿＿＿＿＿＿

完成时间：＿＿＿＿＿＿＿

1. 标题　标题应简短、明确、有概括性。标题能使读者大致了解毕业论文（设计）的内容、专业的特点和科学的范畴。标题字数要适当，一般不宜超过 20 字，如果有些细节必须放进标题，为避免冗长，可以分成主标题和副标题，主标题宜写得简明，可将细节放在副标题里。

2. 摘要　摘要又称内容提要，它应以浓缩的形式概括研究课题的内容、方法、观点以及成果和结论，应能反映整个内容的精华。中外文摘要以 300～500 字为宜。撰写摘要时应注意以下几点：用精炼、概括的语言来表达，每项内容不宜展开论证或说明；要客观陈述，不宜加主观评价；成果和结论性字句是摘要的重点，在文字论述上要多些，以加深读者的印象；要独立成文，选词用语要避免与全文尤其是前言和结论部分雷同；既要写得简短扼要，又要生动，在词语润色、表达方法和章法结构上要尽可能写得有文采，以激发读者对全文阅读的兴趣。

3. 目录　目录按三级标题编写，要求标题层次清晰。目录中标题应与正文中标题一致。

4. 正文　正文是作者对研究工作的详细表述，它含绪论、主体部分、结论三部分。

绪论应说明本课题的意义、目的、研究范围及要求达到的技术参数，简述本课题应解决的主要问题。

主体部分包括问题的提出，研究工作的基本前提、假设和条件；模型的建立，实验方案的拟定；基本概念和理论基础；设计计算的方法和内容；实验方法、内容及其分析；理论论证、理论在课题中的应用，课题得出的结果；结果的讨论等。学生要根据毕业论文（设计）课题的性质，确定主体部分包含的内容。撰写的具体要求如下。

理论分析部分应写明所做的假设及其合理性，所用的分析方法、计算方法、实验方法等哪些是他人用过的，哪些是自己改进的，哪些是自己创造的，以便指导教师审查和纠正。该部分篇幅不宜过多，应以简练的文字概略地表达。

对于用实验方法研究的课题，应具体说明实验用的装置及仪器的性能，并应对所用装置、仪器做出检验和标定。对实验的时程和操作方法，力求叙述简明扼要，对人们所共知的内容或细节内容不必详述。对于经理论推导到研究目的的课题，内容要精心组织，做到概念准确、判断推理符合客观事物的发展规律与人们对客观事物的认识习惯。换言之，要做到言之有序，言之有理，以论点为中心，组成完整而严谨的内容整体。

结果与讨论是全文的心脏，一般要占较多篇幅，在撰写时应将必要而充分的数据、现象、认识等作为分析的依据写进去。在对结果做定性和定量分析时，应说明数据的处理方法以及误差分析，说明现象出现的条件及其可证性，交代理论推导中认识的由来和发展，以便他人以此为依据进行实验验证。对结果进行分析后得出的结论，也应说明其适用的条件与范围。此外，适当运用图、表作为结果与分析也是科技论文通用的一种表达方式，应精心制作、整洁美观。

结论包括对整个研究工作进行归纳和综合而得出的总结，还应包括所得结果与已有结果的比较和本课题尚存在的问题，以及进一步开展研究的见解与建议。结论集中反映作者的研究成果，表达作者对所研究的课题的解释，是全文的思想精髓，是文章价值的体现。结论要写得概括、简短。结论撰写时应注意以下几点：结论要简洁、明确，措辞应严密，且又容易被人领会；结论应反映自己的研究工作；要实事求是地介绍自己的研究成果，切忌言过其实，在无充分把握时应留有余地，因为科学问题的探索是永无止境的。

5. 参考文献　参考文献是毕业论文（设计）不可缺少的组成部分，它反映毕业论文（设计）的取材来源、材料的广博程度和材料的可靠程度。一份完整的参考文献也是向读者提供的一份有价值的信息资料。一般毕业论文（设计）的参考文献不宜过多，但应列入主要的中外文献。例如，河南科技学院本科生毕业论文要求参照河南科技学院学报的参考文献引用格式，示例如下。

[1] 李士贤，郑乐年．光学设计手册［M］．北京：北京理工大学出版社，1990，224-278.

[2] 贺银波，熊静懿，吴国忠，等．双通偏振干涉滤光片的研究［J］．光学学报，2003，23（1）：89-94.

[3] Fan S，Villeneuve P R，Joannopoulos J D. Theoretical investigation of fabrication-related disorder on the properties of photonic crystals［J］．Journal of Applied physics，1995，78（9）：1415-1418.

6. 附录 对于一些不宜放入正文中，但又不可缺少的组成部分或具有重要参考价值的内容，可编入毕业论文（设计）的附录中。例如，公式的推演、编写的算法语言程序等。如果毕业论文（设计）中引用的实例、数据资料及实验结果等符号较多时，为了节约篇幅，便于读者查阅，可以编写一个符号说明，注明符号代表的意义。附录的篇幅不宜太多，一般不要超过正文篇幅。

7. 致谢 致谢应以简短的文字对课题研究与论文撰写过程中曾直接给予帮助的人员（例如指导教师、答疑教师及其他人员）表示自己的谢意，这不仅是一种礼貌，也是对他人劳动的尊重，是应当遵循的学术规范。

（二）研究生毕业论文的构成及案例分析

研究生毕业论文与本科生毕业论文的构成相似，主要包括四个部分：前置部分，包括封面、独创性声明和论文使用授权说明、中文摘要、英文摘要、目录、附表和插图清单（必要时，有的也可放在文末结尾部分）、主要符号表（必要时）等内容；主体部分，包括引言（绪论）、正文、结论、参考文献；附录部分（必要时）；结尾部分，包括致谢、攻读学位期间取得的研究成果目录。

以河南科技学院硕士研究生毕业论文要求为例，各部分的具体要求介绍如下。

1. 前置部分

（1）封面。应包括以下内容。

①授予单位代码。河南科技学院代码为 10467。

②学位申请号。填研究生学号。

③分类号。封面上的分类号可通过《中国图书馆图书分类法》（1999 年，第四版）一书进行检索。

④密级。论文必须按国家规定的保密条例在右上角注明密级，如系公开型论文，可不注明密级。

⑤论文题目。题目应集中概括论文最重要的内容，一般不超过 20 个字，以便于选定关键词和编制题录。题目不能用缩略词、首字母缩略词、字符、代号和公式等。题目语意未尽的，可用副标题补充说明。

⑥论文作者姓名。

⑦论文指导教师姓名。指导教师姓名必须是已被学校批准招收硕士生的教师。

⑧学科专业名称。学科专业名称必须是学校已有学位授予权的学科专业，并按国家颁布的学科专业目录中二级学科名称印制。

⑨日期。封面上的日期为论文提交日期，用中文数字表示，如"二〇〇九年四月"。

论文封面应统一用 120 克铜版纸制作。示例如下。

单位代码 _____　　　　分类号 _____

申　请　号 _____　　　　密　级 _____

河南科技学院

硕 士 学 位 论 文

（ 专 业 学 位 ）

专业学位领域 ：

专业学位类别 ：

作 者 姓 名 ：

导 师 姓 名 ：

　　　　　　　　　　　　年　　月

　　（2）独创性声明和论文使用授权说明。为了加强学风、学术道德建设，规范学术行为，提高学位论文质量，确保学位授予的权威性、严肃性，河南科技学院硕士学位论文撰写应作独创性声明。具体如下。

独创性声明

本人郑重声明：所呈交的学位论文，是本人在导师的指导下独立进行研究所取得的成果。除文中特别加以标注和致谢的地方外，文中不包含任何其他个人或集体己经发表或撰写过的科研成果，也不包括为河南科技学院或其他教育机构的学位或证书所使用过的材料，对本文的研究作出重要贡献的个人和集体，均己在文中做了明确的说明，并表示了谢意。本声明的法律责任由本人承担。

论文作者签名：　　　　　　　　导师签名：

日期：　　年　月　日　　　　　日期：　　年　月　日

学位论文使用授权声明

本人完全了解河南科技学院有关保留、使用学位论文的规定，即学生必须按学校要求提交学位论文的印刷本和电子版本，学校有权保存提交论文的印刷本和电子本，允许论文被查阅和借阅。本人授权河南科技学院可以将本学位论文的全部或部分编入有关数据库进行检索，可以采用影印、缩印或者其他复制手段保存论文和汇编本学位论文。本人离校后发表、使用学位论文或与该学位论文直接相关的学术论文或成果时，第一署名单位仍然为河南科技学院。

注：保密论文在解密后应遵守此规定。

论文作者签名：　　　　　　　　导师签名：

日期：　　年　月　日　　　　　日期：　　年　月　日

　　（3）中文摘要。摘要是对学位论文内容不加注释和评论的简短陈述，具有独立性和自含性，即不阅读论文全文，就能获得必要的信息。摘要应突出作者的论点，尤其是具有创新性的成果和新见解。除了实在无变通办法可用外，摘要中不得使用图、表、化学结构式、非公知公用的符号和术语。硕士学位论文的中文摘要为1 000字左右。

　　关键词是为了便于做文献索引和检索工作而从论文中选取出来用以表示全文主题内容信息的单词或术语，一般有5～8个。

　　（4）英文摘要。英文摘要内容与中文摘要相对应，语句要符合英语语法，应通顺、文字流畅。

（5）目录。目录由论文的章节以及摘要、Abstract、参考文献、附录、致谢、攻读学位期间发表的学术论文目录等的序号、题名和页码组成。示例如下。

目 录

摘 要 I
Abstract II
目 录 IV
第一章 绪论 1
  1.1 XXXX 昆虫研究进展 1
    1.1.1 XXX 1
    1.1.2 XXX 2
  1.2 XXX 技术研究进展 6
    1.2.1 XXX 6
    1.2.2 XXX 6
  1.3 研究内容及意义 9
  1.4 研究技术路线 10
第二章 XXX 研究 11
  2.1 材料与方法 11
    2.1.1 材料与试剂 11
    2.1.2 仪器与设备 11
    2.1.3 试验方法 12
    2.1.4 数据处理与分析 14
  2.2 结果与分析 14
    2.2.1 XXX 14
    2.2.2 XXX 16
  2.3 本章小结 22
第三章 XXX 23
  3.1 材料与方法 23
    3.1.1 XXX 23
    3.1.2 XXX 23
  3.2 结果与分析 25
    3.2.1 XXX 25
    3.2.2 XXX 25
  3.3 本章小结 27
第四章 结论与展望 39
  4.1 结论 39
    4.1.1 XXX 39
    4.1.2 XXX 39
  4.2 展望 39
参考文献 41
致 谢 51

（6）插图和附表清单。如果学位论文的插图和附表太多，可以分别列出清单，置于目录之后。插图清单包括图号、图题及其页码，附表清单包括表号、表题及其页码。

（7）主要符号表。符号、标志、缩略语、首字母缩略词、计量单位、名词、术语等的注释说明，如需要汇集，可集中置于图表清单之后。

2. 主体部分

关于学位论文主体部分（不包括参考文献）的字数，要求自然科学硕士学位论文一般不少于 3 万字。

（1）引言（绪论）。引言（绪论）应简要说明研究工作的目的、范围、相关领域的前人工作和知识空白、理论基础和分析、研究设想、研究方法和实验设计、预期结果和意义等。

（2）正文。正文是学位论文的核心部分，一般由理论分析、数据资料、计算方法、实验和测试方法、实验结果的分析和论证、个人的论点和研究成果，以及相关图表、照片和公式等部分构成。论据、论点力求准确、完备、清晰、通顺，总体要求实事求是、理论正确、逻辑清楚、层次分明、文字流畅、数据真实、公式推导计算结果无误。

（3）结论。结论是学位论文最终和总体结论，是整篇论文的归宿。结论应精炼、完整、准确，着重介绍作者本人研究的创造性成果、新的见解、发现和发展，以及在本学科领域中的地位和作用、价值和意义，还可以在结论中提出建议、研究设想、仪器设备改进意见、尚待解决的问题等。

（4）参考文献。参考文献序号按所引文献在论文中出现的先后次序排列，参考文献是期刊时，其格式为编号、作者、文章题目、期刊名、年份、卷（期）数、起止页码；文献是图书时，其格式为编号、作者、书名、出版地、出版单位、年份、起止页码。文中若有与导师或他人共同研究的成果，必须明确指出；如果引用他人的结论，必须明确注明出处，并与参考文献一致，严禁抄袭剽窃。引用文献标示方式应全文统一，置于所引内容最末句的右上角，所引文献编号用阿拉伯数字置于方括号中，如"…成果[1]"。当提及的参考文献在文中直接说明时，其序号应该与正文排齐，如"由文献[8，10-14]可知"。不得将引用文献标示置于各级标题处。参考文献著录可参考《信息与文献　参考文献著录规则》(GB/T 7714—2015)。

3. 附录部分　附录部分是对正文主体必要的补充项目，但不是论文的必备部分。下列内容可以作为附录：为了整篇材料的完整，但插入正文又有损于编排的条理性和逻辑性的材料；由于篇幅过大或取材于复制件不便于编入正文的材料；对本专业同行有参考价值，但一般读者不必阅读的材料。

4. 结尾部分

（1）后记（致谢）。致谢主要感谢导师和对论文工作有直接贡献及帮助的人士和单位。谢词应谦虚诚恳，实事求是，学位申请人的家属及亲朋好友等与论文无直接关系的人员，一般不列入致谢范围。

（2）攻读学位期间取得的研究成果。按成果取得的时间先后顺序列出，其格式要求如下：与学位论文相关的主要学术论文及专著，列出格式与本规定中的"参考文献"部分格式相同；与学位论文相关的主要科研成果，列出格式为成果（获奖）名称、水平（等级）、鉴定（授奖）机构、获得时间、个人排名；与学位论文相关的专利，列出格式为专利名称、专利类型、专利号、专利国别、授权时间、发明或设计专利人（排名）。

主要参考文献

郎剑锋，葛星，石明旺，2021. 课程思政引领大学生积极心理品质——以植物检疫课程导论课程为例 [J]. 河南农业 (6)：51-52.

郎剑锋，石明旺，2020. 联合培养提升涉农专业研究生创新能力 [J]. 河南农业 (3)：36-37.

李秋明，孙英健，沈红，2019. 基于本科生科研训练计划提升本科生综合能力 [J]. 教育教学论坛 (7)：57-58.

刘建新，2014. 在职研究生毕业论文写作与答辩指南 [M]. 石家庄：河北科学技术出版社.

刘永富，2008. 关于学术研究中的"问题导向"的几点思考 [J]. 甘肃社会科学 (2)：47-49.

陆宁海，吴利民，田雪亮，等，2011. 植物保护专业大学生创新能力培养的探索 [J]. 河南科技学院学报 (4)：76-79.

石明旺，高扬帆，张少颖，2019. 基于"双 PBL"的毕业选题探索与应用 [J]. 河南农业 (18)：24-26.

石明旺，刘常兴，2020. 导学导研　做涉农专业研究生健康成长引路人 [J]. 河南农业 (21)：25-26，47.

石明旺，孙喜兰，2008. 植物保护专业英语导读 [M]. 北京：中国农业科学技术出版社.

石明旺，杨蕊，高扬帆，等，2018. 构建"导学"教学模式　探索"农病"课程实验教学创新 [J]. 河南农业 (9)：29-30，33.

王路菲，王梦乐，2020. 本科生科研训练现状及优化方案探索 [J]. 当代教育实践与教学研究 (6)：214-215.

吴委林，梁娜，傅民杰，等，2020. 地方高校本科生科研训练的探讨与策略 [J]. 黑龙江畜牧兽医 (14)：140-142.

杨蕊，郎剑锋，陆宁海，等，2015. 农业植物病理学教学效果提高途径探讨 [J]. 现代农业科技 (7)：341-342，347.

杨秀平，李二超，2017. 基于教师科研项目的本科生科研训练计划研究 [J].

实验技术与管理，34（9）：16-19.

张峻，2018. 地方高校本科生科研训练的探讨［J］. 教育教学论坛（5）：133-134.

张裕平，石明旺，宋建伟，等，2010. 高等教育中"导"与"学"开放学习模式的构建［J］. 河南科技学院学报（4）：81-82.

赵大球，孟家松，孙静，等，2018. 本科生科研训练的探索与实践［J］. 教育现代化，5（29）：69-70.

郑霞忠，黄正伟，2012. 科技论文写作与文献检索［M］. 武汉：武汉大学出版社.

郑小秋，2018. 地方高校本科生参与科研的现实分析及展望［J］. 教育观察，7（5）：11-14.

周锋，翟凤艳，杨蕊，等，2021. 新形势下植物保护专业农业植物病理学课程实验教学改革的思考［J］. 中国现代教育装备（13）：124-126.

Hendrix R W，Smith M C，Burns R N, et al.，1999. Evolutionary relationships among diverse bacteriophages and prophages：All the world's a phage ［J］. PNAS，96：2192-2197.

图书在版编目（CIP）数据

基于双 PBL 植保专业导学导研 / 石明旺，曹进军著
. —北京：中国农业出版社，2023.5
ISBN 978-7-109-30896-1

Ⅰ.①基… Ⅱ.①石… ②曹… Ⅲ.①植物保护－教
学研究－高等学校 Ⅳ.①S4-4

中国国家版本馆 CIP 数据核字（2023）第 130673 号

中国农业出版社出版

地址：北京市朝阳区麦子店街 18 号楼
邮编：100125
责任编辑：郭晨茜 谢志新
版式设计：王 晨 责任校对：周丽芳
印刷：中农印务有限公司
版次：2023 年 5 月第 1 版
印次：2023 年 5 月北京第 1 次印刷
发行：新华书店北京发行所
开本：880mm×1230mm 1/32
印张：5.25
字数：146 千字
定价：46.00 元
